传统佳节离不开美食，怎么吃才健康营养？

佳节享大餐

戏 戏 

CNS 湖南科学技术出版社

图书在版编目（C I P）数据

佳节享大餐/戏戏编著. —长沙:湖南科学技术出版社,2013.12
ISBN 978-7-5357-7656-3

Ⅰ.①佳… Ⅱ.①戏… Ⅲ.①菜谱—中国②食谱—中国 Ⅳ.①TS972.182

中国版本图书馆CIP数据核字(2013)第097648号

读者如有不明之处或需邮购，请电话联系。
地　址：长沙市湘湖路30号金泉公寓2-201
网　址：http://www.yhcul.com
长沙市越华文化传播有限公司　邮编：410001
电　话：0731-82183429

佳节享大餐

策　　划：越华文化
编　　著：戏　戏
责任编辑：何　苗　戴　涛
编　　委：石　榴　杨湘梅　秦美花
出版发行：湖南科学技术出版社
社　　址：长沙市湘雅路276号
http://www.hnstp.com
邮购联系：本社直销科　0731-84375808
印　　刷：湖南和成彩印有限公司
(长沙市榔梨镇大元路一号)
开　　本：710mm×1000mm　1/16
印　　张：10
版　　次：2013年12月第1版第1次
书　　号：ISBN 978-7-5357-7656-3
定　　价：29.00元

序

都说现代人难交到知己或朋友，三五年就成隔代，一代人和一代人之间共同话题不多，代沟不浅。但我很庆幸，由于喜欢美食的缘故，又因为嘴馋，近年来渐渐结识了很多的年轻的朋友，和80后、90后的朋友在一起，一方面享受作为前辈的感觉，另一方面又能从年轻的朋友那里听到、学到很多新鲜的事物，丰富了自己的见识。

每逢与年轻的朋友说起节日的美食，他们眉飞色舞，想到的是情人节的巧克力、圣诞节的烤火鸡、万圣节的糖果，而面对中国几千年传承下来的除夕、春节、清明应该吃些什么，年轻的朋友一脸不屑且一脸茫然。在年青一代的观念里，中国的传统节日，无非是几世同堂吃一餐又油又腻的团圆饭，然后穿上新衣跟长辈走亲访友，年复一年，节复一节，已经不新鲜，反而为人情世故所累；再问，知道什么是寒食节？何时是上元？何时是中元？何时是下元？他们就完全懵了；甚至还有更年轻的小朋友糊里糊涂地询问我：粽子到底起源于中国还是韩国？

虽然我一直认为每个时代都有不同时代的经历与见解，相互之间应该欣赏而不应该摆谱，但面对如此问题，你是否如我一样想马上操起手边的那只青花碗拍过去，好拍醒这个糊涂的小朋友呢？冷静！既然几代人有缘同桌吃饭，各自有各自的候选，他选他的汉堡薯条，她选她的清酒寿司，你选你的面饼卷大葱，我选我的扬州炒饭，大家一团和气地吃就相当不错，无谓动不动便操起杯盘碗碟向你的下一代摔过去。若要摆平几代人的恩恩怨怨，恐怕要定时举办美味大食会，以节日的名义吃一顿美味团圆大餐，恐怕不只是为 了“食”字，而更多的是一种沟通和融合。

没错，时代在变，环境在变，重要的就是一家人的情感不能变，以家承节，以节传家就是中华民族生生不息之本。在每个到来的节日里，可以打开这本书，齐齐商议节日的菜式，一起照着菜单买菜，一起洗切烹调，一起研究菜品卖相，等一切都有了集体共识，上一代人带着下一代人齐齐入厨自己动手，无所谓东或西，无所谓古或今，大家吃得心服口服，就没有所谓的跨越不过的代沟之说了。酒足饭饱之后围坐在一起，说一说与屈原、曹娥、牛郎织女以及各种敬神的起源传说，聊一聊春节饮屠苏、端午吃粽子、七夕挂巧果、重阳插茱萸的趣事，其乐融融，也是一段非常需要的、温馨的家庭团聚。

好在，在这点上，东西方的节日早就达成一致了。

戏戏

CONTENTS

目录

第五章 清明

雨落相思，酒洒灵塚

第六章 端午

香粽龙舟，雄黄烈酒

第七章 七夕

星桥鹊飞，织女牛郎

第八章 中元

魂灵相伴，盂兰古意

第一章

除夕

合家团圆，辞旧迎新

除夕是指每年农历腊月的最后一天的晚上，它与春节首尾相连。

夕又是什么呢？“夕”原指古代一只四角四足的恶兽，它身体庞大、凶猛异常，寒冬腊月时常蹿到村庄中来骚扰村民，因此，每到腊月底，人们会整理衣物扶老携幼，到竹林里躲避“夕”。由于在野外非常寒冷，人们就砍伐竹子取暖，竹节遇到旺火纷纷爆裂“噼里啪啦”地响了起来，“夕”听到这响声掉头鼠窜，没有再损坏村里的东西。“夕”只是逃走了，人们怕它还会回来，所以每年的大年三十的零点时分，大家都要燃烧碎竹节，防止“夕”的卷土重来，后来慢慢就发展为在门前挂上红布条，零点时分燃放爆竹，贴门联，天亮彼此说一些吉祥客气的话，就是希望来年的腊月“夕”不再来，果然，“夕”再也没有出现过。于是，就这样形成了除夕要吃丰盛的团圆饭，供祭祖先、守岁、放爆竹、贴春联的风俗习惯。

节日习俗

■ 祭灶

民间把腊月二十三或二十四定为小年，是祭祀灶君的节日。所以这一天，各家各户都要供一些糖果、粘糕类的甜食给灶王爷。

■ 扫尘

扫尘就是年终大扫除，北方称“扫房”，南方叫“掸尘”，按民间的说法，因“尘”与“陈”谐音，新春扫尘有“除陈布新”的含义，其用意是要把一切“穷运”、“晦气” 统统扫出门。

■ 写春联

春联也叫门对、春贴、对联、对子、桃符等，它以工整、对偶的文字描绘时代背景，抒发美好愿望，是我国特有的文学形式，到了春节，就要精选一副大红春联贴于门上，为节日增加喜庆气氛。

■ 吃年夜饭

年夜饭，也叫“团年饭”，中国习俗讲究一是全家务必聚齐，因故未回者必须留一座位和一套餐具，体现团圆之意；二是饭食丰盛，重视“口彩”，把年糕叫“步步高”、饺子叫“万万顺”，酒水叫“长流水”，鸡蛋叫“大元宝”，鱼叫“年年有余”，一般来说，这条鱼只能看不准吃，名为“年年有鱼（余）”，有意思的是以前在北方无鱼的地区，就要刻条木头鱼来替代；三是座次有序，多为祖辈居上，孙辈居中，父辈居下。

■ 守岁

守岁，就是在旧年的最后一天夜里不睡觉，熬夜迎接新一年的到来的习俗，也叫除夕守岁，俗名“熬年”。通宵守夜，象征着把一切邪瘟病疫照跑驱走，期待着新的一年吉祥如意。

■ 贴窗花、贴福字、贴年画

民间讲究有神必贴，每门必贴，每物必贴，窗花以其特有的概括和夸张手法将吉事祥物、美好愿望表现得淋漓尽致，在贴春联的同时，还要在屋门上、墙壁上、门楣上贴上大大小小的“福”字。“福”字指福气、福运，寄托了人们对幸福生活的向往，对美好未来的祝愿。贴年画主要是贴门神，把传说中最忠肝义胆的武士画像贴在大门上，祈求出入平安，安居乐业。

粤式萝卜年糕

制作过程

主料：白萝卜1000克、粘米粉350克、粤式腊肠2根、虾米、瑶柱适量、干香菇2个、红葱3根、姜2片。

调料：盐2克、生抽5克、白糖3克、料酒50克、油10克。

步骤：

1. 虾米、瑶柱、干香菇洗净后分别放入小碗中用温水泡发，瑶柱泡软后撕成细丝备用；泡好的瑶柱丝、虾米分别用小碗装着，用料酒浸泡10分钟，白萝卜切成细丝，加入少许盐拌匀，稍腌10分钟。

2. 将粤式腊肠切成细丁；泡发的香菇也切成细丁；红葱切成葱末；姜切成姜末备用；将腌过的白萝卜挤出水分，挤出的萝卜水装入大盘留用；把粘米粉倒入大盘中与萝卜水混合，用筷子拌匀成米浆；把白萝卜丝加入米浆中，拌匀，静置一旁待用。

3. 锅烧热，倒油，下姜末、葱、末爆香，把虾米、瑶柱倒入锅内爆香，再倒入腊肠丁和香菇丁，翻炒均匀，调入少许生抽和白糖调味。

4. 炒好的腊肠丁趁热倒入白萝卜米浆中，快速拌匀，用热度来烫一烫米浆，做成萝卜糕生坯。

5. 取一个耐热的容器，抹上少许油，把调好的萝卜糕生坯倒入容器内，用勺子尽量压平；取一张锡纸，把容器密封起来；送入上汽的蒸锅，大火蒸制1个小时即可。

戏戏小语

萝卜一定要挤出水分，如果不挤出水分，萝卜受热之后会出水，从而影响萝卜糕的成型。1000克萝卜加少许盐腌制会挤出约500克的水分，刚好用来调制米浆。

腊肠中已经有咸味了，注意不要放太多生抽，适量加些白糖中和腊肠的咸度。

除夕大餐攻略之一

华丽凉菜

制作过程

主料：绿韭菜100克、韭黄（白韭菜）100克、鸡蛋1个、柴鱼花适量。

调料：盐4克、高度白酒2克、油5克。

步骤：

1. 将绿韭菜、白韭菜洗净备用；用手动打蛋器将鸡蛋打散至丰富泡沫，加入盐、滴几滴高度白酒。

2. 锅烧热，倒油，倒入打散的鸡蛋液炒成鸡蛋花备用。

3. 另取一口锅，放入清水烧开，把绿韭菜和白韭菜分别焯水1分钟，取出晾凉。再切成细段，分别装到两个碗中并放入炒好的鸡蛋花，拌匀。

4. 取两个深口茶杯，在杯内擦少许油，将拌匀的韭菜分别倒进茶杯中，压实。再将其分别倒扣到浅口碟中，撒上柴鱼花即可。

制作过程

主料：豆腐干20块。

调料：叉烧酱10克、水淀粉适量、油5克。

步骤：

1. 豆腐干洗净沥干备用。

2. 平底锅烧热，倒油，把豆腐干放入锅中，用小火煎至豆腐干两面起泡微焦，取出。

3. 锅里留底油，倒叉烧酱，加入适量清水化开，再用水淀粉调匀成适合口感的芡汁。

4. 把叉烧酱芡汁淋到煎好的豆腐干中，拌匀即可食用。

笼仔粉蒸萝卜

制作过程

主料：萝卜1根（约500克）、大米50克、糯米30克。

调料：干辣椒5个、八角3个、花椒20颗、蒜瓣5个、胡椒粉5克、香叶2张、盐5克、辣椒粉少许。

步骤：

1. 将大米、糯米倒入锅中，加入干辣椒、八角、花椒、蒜瓣、胡椒粉、香叶，开中小火炒至金黄色。

2. 加盐翻炒2分钟，再加入辣椒粉，关火拌匀，用余温将辣椒粉热香，倒入碗中凉透；然后将八角、花椒挑出，其余的装入研磨器中磨成粉。

3. 萝卜去皮切丝，加盐腌制10分钟，与米粉混合拌匀。

4. 取蒸笼，把混合了米粉的萝卜码入蒸笼中，入上汽的蒸锅蒸3分钟即可。

盐水毛豆

制作过程

主料：毛豆仁500克。

调料：盐10克、姜1块、蒜瓣4个、香葱2根、八角3～4个、花椒适量、干辣椒7～8个。

步骤：

1. 毛豆仁用清水洗净，浮在表面的豆膜要清除干净，沥干水备用。

2. 锅里放一大碗水，把所有调料放进锅里煮出香味后，下毛豆，小火煮15分钟。

3. 关火，待凉后，连汤汁一起倒入保鲜盒中，置冰箱冷藏室冷藏浸泡半天即可食用。

蜜柚海蜇

制作过程

主料：海蜇800克、蜜柚1个、小米椒2个、薄荷叶适量。

调料：姜2大片、香葱1根、料酒5克、蒜蓉少许、鱼露5克、蒸鱼豉油5克、白糖5克、香油10克。

步骤：

1. 海蜇用清水反复浸泡，小米椒切椒圈，薄荷叶洗净沥水备用；蜜柚去皮，取果肉。

2. 烧开一锅水，放姜片和香葱，倒入料酒，再倒入海蜇，焯煮5秒钟即取出过凉水，挑出姜片、香葱。

3. 取一个大碗，把过凉海蜇倒入碗内，加入蜜柚；取一个小碗，调入鱼露、蒸鱼豉油、白糖、香油，再加入蒜蓉、小米椒圈调成一碗调味汁。

4. 把调味汁淋入大碗中拌匀，薄荷叶切成细丝，撒在海蜇表面上即可。

苹果培根卷

制作过程

主料：培根10片、苹果1个。

调料：现磨黑胡椒、番茄沙司适量。

步骤：

1. 培根从冰箱中取出解冻并用刀从中间切成两片；苹果削皮去核，再将苹果肉切成20根苹果条。

2. 分别取1根苹果条和1片培根，用培根将苹果卷起来，用牙签固定，做成20个苹果培根卷备用。

3. 烤箱预热200摄氏度，将做好的苹果培根卷送入烤箱烤制10分钟。

4. 苹果培根卷出烤箱后，趁热撒上现磨黑胡椒粉，挤上番茄沙司即可。

五彩福袋

制作过程

主料：五花肉200克、长豆腐包 20个、洋葱1个、青豆100克、玉米粒100克、西兰花1朵。

调料：盐2克、胡椒粉3克、料酒5克、生抽5克、红烧酱油10克、蚝油10克、油25克、淀粉适量。

步骤：

1. 五花肉洗净，去皮，用刀剁成肉馅，加入盐、胡椒粉、料酒、生抽拌匀，腌制15分钟；洋葱切成洋葱末；青豆、玉米粒洗净滤干；西兰花摘成小朵，洗净。

2. 烧开一锅水，把西兰花、青豆、玉米粒焯煮5分钟，捞出备用；豆腐包用刀切成相同长度的两段。

3. 将洋葱末、焯过水的青豆、玉米粒放入肉馅中，拌匀成五彩肉馅；把拌好的五彩肉馅填入豆腐包中，填满，用淀粉封口，依次做完其他豆包。

4. 平底锅里放入适量油，把豆腐包封口朝下放入油锅中，炸至表面呈金黄色；锅里留底油，倒入一碗清水，没过所有豆腐包，加入红烧酱油、蚝油大火煮开，再调成小火煮10分钟。

5. 10分钟后，调成大火收汁，使每个豆腐裹上一层浓香的汤汁。

6. 将焯好水的西兰花摆入盘中，然后再将烧好的豆腐包放在西兰花之间即可。

戏戏小语

青豆一定要煮熟，焯煮的时候可以放些盐和油保持青翠色泽。

五花肉去掉的肉皮不要扔掉，放到汤里，可以增加汤里的胶原。

蒜蓉蚝油扣猪肚

制作过程

主料：猪肚1个、豆芽200克。

调料：白胡椒5粒、料酒5克、姜1大块、蚝油10克、蒜蓉10克、生抽5克、油5克。

清洗猪肚材料：淀粉20克、粗盐10克。

步骤：

1. 猪肚内外用清水冲洗，再分别用淀粉、粗盐揉搓，直至将猪肚处理干净。

2. 处理好的猪肚放入高压锅内，加一大碗水，将白胡椒与拍碎的姜放入水中，倒入料酒，煮15分钟左右，放完汽后将猪肚取出切片；豆芽洗净后，放入水中稍微焯煮1分钟，再放到冷水中浸泡。

3. 取一个深口碗，把切好的猪肚整齐码入碗底，上面再平铺豆芽，压实，入蒸锅蒸5分钟。

4. 锅烧热，倒油，加蒜蓉炒香，倒入蚝油、生抽煮成酱汁。

5. 蒸好的猪肚，倒扣入盘中，淋上煮好的酱汁即可。

戏戏小语

焯煮豆芽菜时，可适当滴几滴油和盐，可保持青翠色泽。猪肚一定要清洗干净，这样才不会有异味。

高升排骨

制作过程

主料：猪小排500克、杨桃1个、白芝麻少许。

调料：料酒1大匙、米醋2大匙、白糖3大匙、生抽4大匙、水5大匙。

步骤：

1. 猪小排洗净斩成适当的大小。

2. 烧开一锅水，放入排骨，焯去血沫，过凉水备用。

3. 将排骨放入锅中，分别加入料酒、米醋、白糖、生抽和水，小火煮1个小时，自然收汁即可。

4. 杨桃切成五角星形，围在盘边，倒入高升排骨，再撒些芝麻，更加可口。

八宝乾坤鸡

制作过程

主料：整鸡1只、糯米30克、红枣10颗、枸杞30颗、桂圆10个、莲子8个、香菇6个、虾米10只。

调料：盐5克、生抽1小杯、白酒1小杯、油1小杯、姜1大块。

步骤：

1. 糯米提前一个晚上用清水浸泡，红枣、枸杞、桂圆、莲子、香菇、虾米也分别泡发备用。

2. 鸡处理好后，用盐抹匀鸡身，帮鸡做一个全身按摩，鸡放入一个锅中，倒入油、生抽、白酒，开小火焖10分钟左右，期间经常翻动鸡身。

3. 把泡好的糯米与红枣、枸杞、桂圆、莲子、香菇、虾米混合拌匀，放进蒸锅里蒸熟成八宝饭。

4. 把焖好的鸡取出，从开口处往鸡肚子中灌八宝饭，注意不要塞得太满，再放回蒸锅里蒸20分钟即可。

荷香黄金牛肉

制作过程

主料：牛肉200克、南瓜200克、荷叶1张、小米50克。

调料：盐2克、白胡椒粉2克、料酒5克、生抽5克、蚝油3克、干淀粉适量。

步骤：

1. 小米提前一个晚上浸泡，滤干水备用。

2. 牛肉洗净，切成大块，加入盐、白胡椒粉、料酒、生抽、蚝油、干淀粉，腌制15分钟；南瓜切成片，放入料理盘中，加适量盐拌匀。

3. 腌制好的牛肉，放到滤干水的小米中，使表面均匀沾上小米粒。

4. 竹笼屉垫上荷叶，一块牛肉一块南瓜地整齐码入，再用荷叶包紧，入蒸锅蒸20分钟即可。

荷香南乳鸭翅

制作过程

主料：鸭中翅300克、荷叶1张、南乳3块。

调料：盐2克、料酒5克、生抽3克、蚝油3克、姜丝少许。

步骤：

1. 鸭中翅洗净，放于调料盆中，加入盐、料酒、生抽、蚝油、姜丝等拌匀。

2. 加入南乳，捻碎，再倒入少许南乳汁，腌制30分钟。

3. 腌制鸭翅的时候，用清水将干荷叶泡发。

4. 取一个沙锅，在锅底放置几根竹签，摆入荷叶，再码入腌制好的鸭中翅，倒入一小碗清水，中火烧开，调成小火慢慢焖至鸭中翅成熟上色即可，建议留一点南乳汁，拌饭口感一流。

椰香咖喱凤尾虾

制作过程

主料：芭蕉叶1张、明虾200克。

调料：咖喱粉10克、椰汁20克、指天椒1个、椰茸少许。

步骤：

1. 明虾去头去壳留尾，挑虾线，在背部横切一刀做成飞燕虾状，加入咖喱粉与椰汁、指天椒腌制10分钟。

2. 取一个竹蒸笼，底部垫上芭蕉叶，把腌制好的虾仁倒在蕉叶上，大火蒸5分钟。装盘，在上面撒上椰茸即可。

清蒸多宝鱼

制作过程

主料：多宝鱼1条（约600克）、姜10片、小香葱5~6根、葱白适量。

调料：生抽20克、白糖5克、料酒少许、油15克。

步骤：

1. 多宝鱼去鳞去鳃去内脏，洗净后，在鱼身上随意切几刀；取一个鱼盘，在盘底垫姜片，将鱼放在姜片上，撒些葱白，淋5克油在鱼身上，将鱼放入蒸锅蒸5分钟。

2. 将生抽、料酒和白糖混合成酱汁；姜片切成姜丝，小香葱切成葱花备用。

3. 鱼蒸出来后马上倒掉多余的汁水，并捡去鱼身上的小葱白，淋上调好的酱汁。

4. 剩下的油倒入锅内，把姜丝放入油内用小火慢慢焙出香气，再把姜丝连同油直接淋到鱼身上，最后撒上小葱花即可。

酱烤鱿鱼花

制作过程

主料：大鱿鱼2条、南乳2块、高汤1碗。

调料：姜2块、葱2根、八角2个、白糖5克、生抽5克、干辣椒5个。

步骤：

1. 将鱿鱼处理干净切开，平摊在案板上，切成十字花刀，再将鱿鱼切成三段。

2. 烧开一锅水，把姜、葱放到水里煮出香气，再将切好的鱿鱼放入水中焯煮成表面有花纹的好看的鱿鱼筒，捞出滤干。

3. 取一个沙锅，将滤干水的鱿鱼筒放到沙锅里，依次放入南乳、白糖、八角、生抽、干辣椒，加一小碗高汤，大火煮开，调成小火焖煮30分钟，看到鱿鱼已经变成酱红色，大火收汁即可。

香辣猪脸肉

制作过程

主料：猪脸肉1副、芦笋10根、泡红辣椒2个、蒜蓉5克。

调料：盐2克、料酒5克、生抽5克、蚝油5克、白糖2克、白胡椒粉适量、油5克。

步骤：

1. 准备好原料，芦笋去掉硬皮、泡红椒剁碎备用。

2. 用刀将猪脸肉的肥油（可做他用）剔干净，再切成薄片，加入盐、料酒、白胡椒粉腌制10分钟。

3. 芦笋放入水中焯水，取出过凉水备用。

4. 锅烧热，倒底油，下泡红椒末、蒜蓉炝锅，下腌制好的猪脸肉大火翻炒3分钟，调入生抽、蚝油、白糖，最后倒入芦笋炒匀即可。

红枣猪肚鸡汤

制作过程

主料：猪肚1个（约500克）、土鸡半只（约500克）、红枣1小把。

调料：盐5克、姜1片、香葱2根、料酒20克、生抽10克、蚝油5克、白胡椒6颗、冰糖3颗。

清洗猪肚材料：淀粉20克、粗盐10克。

步骤：

1. 土鸡洗净斩件，加入料酒、盐、生抽、蚝油腌制30分钟；红枣用温水泡发30分钟。

2. 猪肚先用流动的清水把表面的黏液冲洗干净，再把猪肚的内层翻开来，依然用流动的清水将内层的黏液冲洗干净。

经过基础清洗后，用菜刀把猪肚内层毛绒部分的黄色硬垢彻底去掉，将猪肚放于盘中，加入10克淀粉，用手反复揉搓，再用流动的清水冲洗干净；重复加淀粉，反复揉搓，用流动的水冲洗干净；再用粗盐把猪肚里里外外反复揉搓，再用流动的水清洗干净，猪肚清洗就完成了。

3. 把清理好的猪肚切片，放入沙锅中，加入腌制入味的鸡肉，倒入适量的清水，加入姜片和香葱结，白胡椒拍碎放入锅内，开大火煮10分钟，用汤勺撇干浮沫后，改成小火继续煮1个小时，直至猪肚煮至软硬适口，放入冰糖和红枣再煮5分钟即可。

戏戏小语

清洗猪肚一定要耐心加细心，才能更好地去除猪肚异味。

煮猪肚汤时一定要记得放几颗拍碎的白胡椒，可以提香去异味，还有暖胃的作用。

主食

制作过程

主料：鲜虾300克、猪肉馅300克、萝卜2个、澄面500克、玉米淀粉150克、清水750毫升。

调料：姜葱末20克、盐2克、白胡椒粉10克、鸡蛋清适量、生抽10克、料酒10克、猪油少许、枸杞少许。

步骤：

1. 将鲜虾处理好并切成红丁，再放入猪肉馅中，再加入姜葱末、白胡椒粉、鸡蛋清、生抽、料酒，用筷子顺一个方向搅拌，直到阻力越来越大，肉馅起筋；萝卜去皮切丁，加少许盐腌制；在锅里烧开水至沸腾，关火。

2. 将澄面、玉米淀粉混合拌匀，倒入沸水中，搅拌，把澄面、玉米淀粉搅拌成雪花状，盖上锅盖焖10分钟左右。

3. 待稍凉后，将澄面从锅中取出，在案板上充分揉匀成光滑面团，加入2小勺猪油继续揉匀，用保鲜膜包好静置醒发20分钟左右。

4. 将萝卜腌制出来的水分倒掉，放入肉馅中拌匀；把醒发好的面揉成条状，均匀地分成每个20克左右的小剂子；取一个小剂子，用手捏成均匀透明的圆形面皮，加馅料，对折成半圆形；用左手食指将面皮角向中间推进，做成一个小三角，点上两颗枸杞做成金鱼眼睛，其余部分用右手正反推出花边，稍加整形即成一条小金鱼的生坯。

5. 将小金鱼生坯上笼用旺火蒸制4分钟即可。

水晶虾饺

创意无限

美味粤式猪肉虾饺：北方饺子多以猪肉、羊肉、牛肉等加入韭菜、白菜、芹菜等制成，而南方沿海一带海产丰富则常用鱼肉、海鲜等作馅料，其鲜无比。

玉米香菇虾肉饺：香菇切成小丁，加入切碎的玉米粒粒，喜欢吃萝卜的朋友可以在虾丁里搅拌一点萝卜丁，拌在一起别有风味。

川味饺子：西南一带喜欢吃辣，馅料除了加天然的口蘑、木耳，还会加上香油、花椒粉等，香香辣辣一口一个爽。

家常蛋饺：湖南人过年都要吃蛋饺，取适量鸡蛋液煎成蛋皮，包裹起肉馅、冬笋，放在火锅里煮着，还可以给火锅汤带来更多的鲜味。

卤牛肉

制作过程

主料：牛腱子肉500克。

调料：肉桂10克、丁香3克、八角10克、草果1个、冰糖30克、生抽50克、盐2克、姜2克、 葱2克、料酒2克、蒜2克、茴香2克、花椒2克、海鲜酱适量、高汤1500毫升。

步骤：

1. 先用所有调料熬煮出一煲浓浓香味的卤水备用。

2. 牛腱子肉洗净，去掉表面白色的筋膜，再放到冷水锅中，烧开水，煮5分钟，去掉血沫后，用冷水降温。

3. 最后将牛腱肉放到卤水锅中，大火煮开，调成小火慢煮30分钟，关火留在卤水锅里浸泡24小时，取出切片即可食用。

薯片大虾沙拉

制作过程

主料：新鲜海虾300克、芦笋50克、玉米50克、薯片适量。

调料：盐5克、色拉油5克、料酒5克、沙拉酱1汤匙。

步骤：

1. 将海虾剥壳去虾头，在虾背上横切一刀，用牙签挑去虾线，加入料酒腌10分钟，再用流动的水将虾仁冲洗干净。

2. 玉米、芦笋洗净，切好。

3. 锅里烧开水，倒盐和色拉油，把虾仁、芦笋、玉米放入锅内焯熟，倒入冰水中浸泡。

4. 沥干水后，拌入沙拉酱，最后放在薯片上即可。

酸辣海藻

制作过程

主料：海藻200克、小米椒2个、白芝麻20克。

调料：陈醋100克、生抽5克、白糖5克、辣椒油3克、香油2克、蒜蓉适量、油10克。

步骤：

1. 海藻反复清洗，并用清水浸泡，隔一个小时换一次水，以去盐分；煮一锅水，把清理干净的海藻放到水中稍微焯一下水马上倒进筛网滤干；把滤干的海藻倒入大碗中，倒入80克陈醋浸泡30分钟。

2. 将小米椒切碎，与20克陈醋、生抽、白糖、辣椒油、香油混合成一碗酸辣酱汁。

3. 锅烧热，倒油，下蒜蓉慢慢焙成金黄色，把蒜蓉与热油一起倒入酸辣酱汁中。

4. 将浸泡海藻的陈醋倒掉弃用，淋上酸辣酱汁，再撒上炒香的白芝麻即可。

腰果银耳拌香芹

制作过程

主料：腰果20克、干银耳1朵、西芹3根。

调料：盐2克、油100克（实耗10克）、蒜蓉少许。

步骤：

1. 锅里倒入油，把腰果放到油中，开小火慢慢炸成金黄色，取出沥油。

2. 干银耳用流动的清水冲干净表面的灰尘，再用温开水泡发，摘成小朵备用；西芹也去掉表面的老丝，切小段。

3. 锅里留少许留油，把蒜蓉放到油中炒香，下西芹、银耳加盐翻炒至熟，关火，下腰果一起拌匀即可。

梅酱蓑衣黄瓜

制作过程

黄瓜2根、腌梅子2个、蜂蜜3克、小米椒2个、蒜瓣2个、柠檬汁适量。

盐少许、生抽2克、白糖3克。

1. 黄瓜用流动的水反复清洗，再放到清水中浸泡30分钟去掉农药残留。

2. 腌梅子去核，梅肉用刀剁成末，蒜瓣拍碎，小米椒也切成椒圈，将梅肉、蒜瓣、小米椒放入小碗中，加入白糖、生抽，再挤入柠檬汁拌成梅子酱，然后在梅子酱中再加入蜂蜜再次拌匀备用。

3. 把黄瓜捞出擦净水分，用刀去掉两头的蒂根；把黄瓜放到案台上，两边各放1根筷子，用45度斜刀法每隔1毫米切一刀至筷子处，再把黄瓜翻转过来，两边还是各放1根筷子，在刚才刀没切到的地方切直刀，黄瓜就成了蓑衣黄瓜。

4. 把蓑衣黄瓜放到碗内，加盐腌制10分钟左右，让其出少许水分。

5. 倒掉黄瓜水，加入蜂蜜梅子酱腌制30分钟即可。

戏戏小语

蓑衣黄瓜造型很好，适合在宴会上出彩，平时将黄瓜直接切片腌制更入味。

腌梅子是用青梅加入大量的盐腌制而成，本身就具有咸味了，所以要用蜂蜜、白糖去中和，得出较好的味道。

清凉水晶鸡

制作过程

主料：鸡腿2个，猪蹄2个、青豆100克、胡萝卜1根。

调料：

A：八角1颗、蒜瓣5个、花椒7~8颗、桂皮2片、香叶2张、干辣椒5个、香葱1小把。

B：盐2克、料酒15克、生抽10克。

C：蒜蓉、指天椒、小葱末适量、油10克、花椒5颗、白芝麻少许。

步骤：

1. 鸡腿洗净斩件；拔净猪蹄皮上的细毛，洗净，烧一锅水，把猪蹄和鸡腿一起放到锅里焯5分钟，撇去浮沫，再倒到漏筛中，过冷水冲洗干净。

2. 调料A放入汤料包中，将洗净的猪蹄放到沙锅中，加入1000毫升的清水，放入汤料包，加调料B，大火烧开后，转小火慢煮2小时，直到猪蹄软烂；把焯过水的鸡腿的鸡骨拆掉，留净鸡肉；青豆洗净滤干；胡萝卜切小丁。

3. 待猪蹄煮好之后，将其彻底捞出，再将净鸡肉倒入汤中，开大火煮滚，并将青豆和胡萝卜丁倒入锅内，5分钟之后即关火；稍凉后，把煮好的鸡肉连同汤水一起倒入小碗中，晾凉后入冰箱冷藏3小时以上，即为清凉水晶鸡冻。取出小碗中的水晶鸡冻，反扣在盘中。

4. 把调料C中的蒜蓉、指天椒、白芝麻、小葱末调成调味汁，锅中倒油，放入花椒，出香味后，捞起花椒弃用，把热油淋到肉皮冻上即可。

戏戏小语

区别于传统的水晶鸡，利用猪蹄的胶质得到一种如同果冻一般的口感，鸡块在红红绿绿的色彩间若隐若现，清清凉凉吃起来非常爽。

调味时可以根据自己的口味作调整，加青豆、胡萝卜，口感更丰富。

鲜鲍烧蛋心圆

制作过程

主料：猪肉馅500克、鲍鱼4只、鸡蛋3个、鹌鹑蛋10个、荸荠100克。

调料：姜末10克、葱末10克、胡椒粉5克、生抽20克、盐5克、淀粉20克、料酒5克、白糖5克、大葱适量、油适量。

步骤：

1. 将2个鸡蛋和鹌鹑蛋一起放锅中煮熟，荸荠去皮洗净剁碎加入猪肉馅中，加入盐、胡椒粉、料酒、葱末、生抽、淀粉搅拌均匀，打入一个生鸡蛋，按同一个方向搅拌令肉馅上劲。

2. 把煮鸡蛋剥壳，取适量肉馅把鸡蛋包围起来做成一个大丸子，中心是一个鸡蛋；锅中倒入油，等轻微油烟起来后，将丸子放到油锅中炸至表面呈金黄色捞起；鹌鹑蛋去壳后，也放入油锅中炸至表面起皱。

3. 把鲍鱼全身刷洗干净，用刀在鲍鱼表面切十字花刀备用。

4. 沙锅里放入炸好的丸子、鲍鱼、炸过的鹌鹑蛋，倒入高汤或清水，以没过丸子为准，加入葱段、生抽、白糖，烧沸后改成小火，炖30分钟，最后大火收汁即可。

戏戏小语

鲍鱼对肝肾阴虚、咳嗽、视物昏暗等病症都有一定疗效；鲍鱼的壳与菊花同煮有清肝热的作用；在此菜中，鲍鱼主要起提鲜作用，如果没有新鲜鲍鱼，也可以用超市买的鲍鱼汁来代替。

瓜香叉烧肉

制作过程

主料：梅花肉（猪后腿肉）300克、小南瓜1个。

调料：叉烧酱2大勺、白胡椒粉少许、姜丝适量、葱花少许、油少许。

步骤：

1. 猪肉最好挑瘦中夹肥的，但最好不要是五花肉，去皮，洗净后切成手指长、厚的大片，用肉锤轻轻锤打，使每块肉都接受一次轻柔按摩。

2. 取一个瓷碗，把肉放在碗里，加两大勺叉烧酱腌制，适当加些白胡椒粉、姜丝去腥味，放在冰箱的冷藏格腌制24小时。

3. 南瓜用刀挖出顶盖，再用小匙挖去瓜瓤备用。

4. 锅烧热，倒油，不需要太多，能把肉片泡过即可，把肉倒入锅中，小火慢慢煎至熟透。

5. 把煎好的肉放入南瓜中蒸10分钟，最后撒上葱花即可。

戏戏小语

腌制猪肉之前进行锤打是非常必要的，如此可以令肉质松弛，更适合宴客中的老人与小孩子食用。

腌制的时间一定要够长才够入味。

这种小南瓜皮质比较坚硬，挖瓜盅的时候一定要注意安全。

橙皮蜜汁烤鸭胸

制作过程

主料：鸭胸1块（约200克）、橙子1个。

调料：盐3克、生抽5克、白糖3克、蜜汁叉烧酱10克、白胡椒粉5克。

步骤：

1. 鸭胸洗净，用刀在表面划几刀，加入盐、生抽、白糖、蜜汁叉烧酱、白胡椒粉拌匀。

2. 橙子洗净，用刀把橙子皮削下，把橙子皮内层的白色部分用刀削掉。

3. 净橙皮切成丝，与鸭胸一起拌匀，腌制1个晚上。

4. 把腌制好的鸭胸放在烤架上，用刷子把腌制鸭胸的蜜汁均匀地刷到鸭胸上。

5. 送进烤箱烤45分钟，中途每隔10分钟取出刷一次蜜汁即可。

戏戏小语

橙皮里面那层白色的薄膜一定要去除干净，否则味道会变苦。

鸭胸的肉厚，可以在肉上划几刀，才容易入味。

从烤箱中取物时要注意防烫。

制作过程

主料： 鳙鱼头1个、泡红辣椒5个、泡青辣椒5个、红葱5根、蒜瓣1瓣、姜1大块。

调料： 盐2克、白胡椒粉5克、料酒10克、生抽10克、喼汁10克、鲍鱼汁5克、蚝油5克、白糖5克、油5克。

步骤：

1. 鳙鱼头洗净，去掉鱼鳃，用刀将鱼头斩成两半，撒少许盐、白胡椒粉腌制10分钟。

2. 锅里放底油，放姜片爆香，下鱼头到锅中煎至表面呈金黄色。

3. 泡红辣椒、泡青辣椒分别剁碎。红葱也切成葱末、蒜瓣去皮拍成蒜蓉，姜切姜末备用。

4. 取一个小碗，把葱末、蒜蓉、姜末混合到碗内，加入料酒、生抽、喼汁、鲍鱼汁、蚝油、白糖拌匀，成一碗调味汁。

5. 把煎好的鱼头平摊在铁锅底，倒入调味汁，一半鱼头上放碎红椒，另一半鱼头上放碎青椒，盖上锅盖，大火煮滚，红红火火上桌，热气腾腾吃起来。

戏戏小语

最好用不粘锅来煎鱼头，因为鱼头很容易粘锅。如果没有不粘锅，可以拍些淀粉到鱼头上，防粘效果很好。

铁锅有很好的导热性，可以高效地让酱汁渗透到鱼头中，滋味实足。

铁锅双色鱼头

鲜虾丝瓜酿

制作过程

主料：新鲜海虾20个、长丝瓜2根、红菜椒1个、蒜瓣2瓣、香葱1根。

调料：盐2克、白胡椒粉5克、料酒10克、蒸鱼豉油5克、蚝油3 克、香油2克、油8克。

步骤：

1. 海虾去头去壳留虾尾成带凤尾的虾仁，虾头可以另做它用。

2. 虾仁在虾背上划一刀，挑去虾线，洗净，加入盐、白胡椒粉、料酒腌制10分钟；红菜椒、蒜瓣、香葱分别切碎剁成蓉备用。

3. 丝瓜用削皮刀削去硬皮，切成5厘米均匀长短的段，并用小刀在一端挖一个浅浅的小洞，做成丝瓜盅，洞的大小适合放置虾仁就可以了。

4. 取一个浅口盘，把丝瓜放在盘上，撒上少许盐，再把腌制好的虾仁放置在丝瓜上，每个丝瓜盅上放一个鲜虾仁，送入上汽的蒸锅，蒸制5分钟。

5. 炒锅烧热，倒油，下蒜蓉、葱末、红菜椒爆香，加入蒸鱼豉油、蚝油、香油调味成酱汁；虾仁丝瓜蒸好后，把酱汁淋到虾仁上即可。

戏戏小语

虾尾不要去掉，蒸出来后有漂亮的造型，可以在宴席上增添惊艳，但给小朋友吃的时候，要注意不要让虾尾扎到。

丝瓜受热会软塌，蒸的时间不要太长。

糟香白切肉

制作过程

主料：五花肉500克、绍兴花雕酒50克、糟卤250毫升。

调料：冰糖10颗、盐少许、姜2片、香葱1根、冰块适量。

步骤：

1. 将五花肉清洗干净并滤干；烧开一锅水，放入姜片和香葱，加盐将五花肉放入水中煮15分钟，煮好的五花肉快速投入冰水中速冻，使肉质尽快收紧。

2. 取一个可密封的罐子，倒入花雕酒与糟卤摇匀。

3. 取一张厨房吸油纸，把浸在冰水中的五花肉捞起吸干表面水分，再将五花肉投入酒中，最后加入冰糖，再次摇匀。

4. 密封好瓶盖，放入冰箱冷藏3~4天，开瓶即食，或者稍蒸，味道更浓郁。

戏戏小语

糟卤是用科学方法从陈年花雕酒糟中提取香气浓郁的糟汁，配合花雕酒浸泡肉类，能很好地突出陈酿酒糟的香气。糟卤适合浸泡各种肉类与豆类，分为生糟与熟糟两种，生糟是将生的鱼或肉浸入酒糟中浸泡一两天后取出入锅蒸熟，常见糟鲥鱼、糟肉等，蒸制后酒香四溢；熟糟，是将煮熟的食物浸入糟卤中，三四天进味后，取出直接食用，浸泡时间越长酒香越香醇，是宴席佐酒最佳选择。

脆皮烤鸡

制作过程

主料：仔鸡1只。

调料：姜1块、葱2根、生抽10克、南乳10克。

脆皮水调料：白醋10克、绍酒5克、麦芽糖10克、清水50克。

步骤：

1. 仔鸡将内脏取出，处理干净；烧一锅水，下姜、葱煮出香气后，放入仔鸡小火煮5分钟至五成熟状态，取出放凉，将鸡放入保鲜盒内，加入生抽、南乳腌制一晚，再取出风干半天。

2. 将脆皮水调料混合调成一碗脆皮水。

3. 烤箱预热220摄氏度，把风干仔鸡放在烤架上，刷上脆皮水，送入烤箱烤制20分钟即可。

油浸腰花

制作过程

主料：猪腰500克、韭芯50克。

调料：盐2克、生抽20克、白糖5克、油30克、香油10克、红油10克、姜末与香葱末少许、八角适量、蒜瓣适量、淀粉适量、高度白酒10克。

步骤：

1. 猪腰对半切开，切十字花刀片，成腰花；然后滴几滴高度白酒一起浸泡在水中，血水溢出后倒掉换水再泡，直至清水变清，滤干切好的腰花加适量淀粉反复揉搓清洗干净备用；韭芯切成细丁备用。

2. 烧一锅水，加入香葱、八角、蒜瓣，大火煮出香气，下腰花中小火煮3分钟、捞出滤干。

3. 另取锅，把盐、生抽、白糖、油、香油、红油、姜末、葱末等调料放入锅中煮开，下腰花和韭芯翻匀后，倒入深口碗中，让油浸泡着腰花即可。

制作过程

主料：猪手2只、香葱2根、姜5片。

调料：高度米酒10毫升、盐5克、白醋50克、冰糖20颗。

步骤：

1. 猪手用刀片剃净细毛，洗净斩成大件，放入锅内，倒入一大碗水没过猪手，加香葱、姜片和高度米酒，大火煮开，转小火煮30分钟。

2. 猪手煮好后，放入冰水中迅速降温，凉透后用厨房纸吸干水分，放入一个深口保鲜碗中。

3. 锅里倒少许清水，加白醋、冰糖和盐，熬煮成调味汁；把调味汁倒到猪手中，拌匀，盖上盖子，送入冰箱冷藏24小时入味即可。

制作过程

主料：排骨2根、鸡蛋1个、淀粉与面包糠适量、青红椒2个、洋葱1/2个、蒜蓉 10克、油300克（实耗20克）。

调料：

A：盐2克、姜末3克、料酒5克、叉烧酱5克、海鲜酱5克、生抽5克、白胡椒粉少许。

B：盐、蚝油各2克、生抽5克、水淀粉适量。

步骤：

1. 排骨洗净，加入调料A腌制24小时；青红椒与洋葱切碎备用。

2. 鸡蛋打散于碗中，腌制好的排骨沾上干淀粉，蘸蛋液，撒上面包糠。

3. 锅里倒入油，烧至五成热，保持中火，把排骨下到油锅中炸至外焦里嫩，取出摆成彩虹桥的样子。

4. 锅里留底油，先爆香蒜蓉，再下入青红辣椒与洋葱炒匀，把调料B放到锅中煮成香辣酱汁淋到炸好的彩虹桥排骨上即可。

花枝猪展汤

制作过程

主料：花枝（墨鱼）2条、猪腱子肉3块、红枣数颗。

调料：盐2克、白胡椒3颗、料酒2克、香葱3根、姜数片。

步骤：

1. 花枝去内脏，洗净，切十字花刀备用；猪腱子肉切成大块，加入盐、料酒腌制15分钟。

2. 锅里烧一锅水，放2片姜煮出香气，下花枝焯一焯水，去掉腥味。捞出花枝过凉水备用。

3. 取炖盅，放入焯过水的花枝和腌制好的猪腱肉，加几颗红枣，白胡椒拍碎分别放入炖盅内，每个炖盅再分别放入香葱结和姜片，倒入适量的纯净水。

4. 加盖，入上汽蒸锅炖2个小时即可。

戏戏小语

花枝也就是墨鱼，虽然两者看起来之间似乎没有联系，可是切了十字花刀后的墨鱼，就显现出花枝招展的味道来了，而花枝招财正是广东人新年最大的愿望，所以春节一定要做一道花枝菜。

猪月展也就是猪腱子肉，与牛腱一样，猪腱是猪肉中比较紧实的一部分，用来煲汤可以更弹牙更具口感。

饭后甜点

双皮奶

制作过程

主料：鸡蛋两只、250毫升水牛奶。

调料：白糖20克。

步骤：

1. 取蛋清倒入锅中，加入适量白糖拌匀；将水牛奶倒入奶锅中，小火煮至微沸即关火，马上将锅里的水牛奶倒入备好的小碗中，晾凉后即形成第一层奶皮。

2. 用筷子小心地挑起第一层奶皮，将奶皮下的牛奶倒入装有蛋清的大碗内；留少部分牛奶于小碗内，可以清晰地看到第一层奶皮浮现在牛奶上；将大碗中的蛋清与牛奶拌匀成为双皮奶的奶坯，用筛子过滤回奶锅中。

3. 再把奶锅中的牛奶小心地注入留有第一层奶皮的小碗中，此时可以看到第一层奶皮随着水量上升至表面。

4. 再用保鲜膜将小碗盖起来，开几个放气的小孔，送入上汽的蒸锅蒸10分钟，关火再焖5分钟，让第二层奶皮凝结，双皮奶就做好了。

戏戏小语

做双皮奶最好是用水牛奶或者全脂牛奶，才能得到厚厚的奶皮。蛋清与奶一定要搅拌均匀，并且要过滤，否则蒸出来的双皮奶不够细滑。

双皮奶最养胃，热食冷食皆可，吃的时候也可以适当加些干果，或搭配红豆、莲子、葡萄干等，改善一下口感。

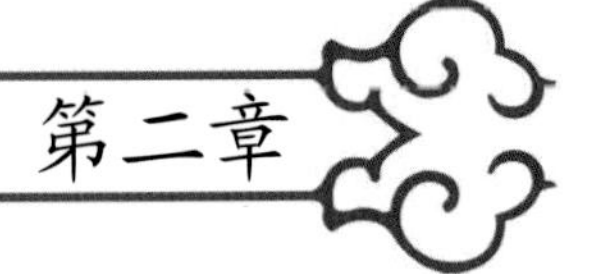

第二章

春节

生机盎然，浓浓春意

中国农历年的岁首称为春节，每年农历12月30日夜半子时（24点）过后，春节就算正式来到了。中国人民过春节已有四千多年的历史，传说春节由虞舜兴起，舜即天子位时，率众祭拜天地，从此，人们就把这一天当做岁首，后来也叫春节。

节日习俗

■ 开门炮仗

春节早晨，开门大吉，先放爆竹，叫做“开门炮仗”。爆竹声后，碎红满地，灿若云锦，称为“满堂红”。

■ 拜年

大年初一，人们都早早起来，穿上最漂亮的衣服，打扮得整整齐齐，出门去走亲访友，相互拜年，恭祝来年大吉大利。春节拜年期间，晚辈要先给长辈拜年，祝长辈长寿安康，长辈可将事先准备好的压岁钱分给晚辈，据说压岁钱可以压住邪祟，因为“岁”与“祟”谐音，晚辈得到压岁钱就可以平平安安度过一岁。

■ 正月初二回娘家

正月初二，嫁出去的女儿们便纷纷带着丈夫、儿女，拎着礼物回娘家拜年。

■ 祭财神

北方人在正月初二祭财神，这天无论是商贸店铺，还是普通家庭，都要举行祭财神活动，祈望今年要发大财。

■ 破五

正月初五，俗称破五。北方民间有吃饺子的习俗，寓意着招财进宝。南方人在正月初五祭财神。民间传说，财神即五路神。每到过年，人们都在正月初五零时零分，打开大门和窗户，燃香放爆竹，点烟花，向财神表示欢迎。

■ 正月初十

十，谐音“石”，因此初十为石头生日。这一天凡磨、碾等石制工具都不能动，甚至设祭享祀石头，恐伤庄稼。也称“石不动”“十不动”。

■ 正月十五

元宵节的节俗非常有特色。传统习俗中，正月十五，白昼为市，热闹非凡；夜间燃灯，蔚为壮观，成为新年期间娱乐活动的高潮。

春节大餐攻略之一

㊗华丽凉菜

冰镇陈醋毛豆

制作过程

主料：毛豆500克、陈醋50克。

调料：盐10克、姜1块、蒜瓣4瓣、香葱2根、八角3~4个、花椒适量、干辣椒7~8个。

步骤：

1. 毛豆用清水洗净，过滤干净毛豆表面的薄膜，沥干水备用。

2. 锅里放一大碗水，把所有调料放进锅里，大火煮开，再调成小火慢煮出香气。

3. 下毛豆，小火再煮20分钟。

4. 关火，自然晾凉后，倒入陈醋。

5. 再倒入保鲜盒中，置冰箱冷藏室冷藏浸泡半天。

虾仁玉米春卷

制作过程

主料：虾仁500克、玉米粒200克、洋葱1个、春卷皮适量、生菜适量。

调料：盐1克、姜葱末适量、料酒3克、白胡椒粉3克、红烧酱油5克、芝麻酱3克、白糖3克、蚝油5克。

步骤：

1. 虾仁加入盐、姜末、料酒、白胡椒粉腌制15分钟；生菜洗净，玉米粒洗净滤干；洋葱切成细丝备用。

2. 取一口蒸锅加水烧至上汽，把春卷皮放到蒸笼上蒸5分钟；将红烧酱油、芝麻酱、白糖混合成一碗调味汁。

3. 锅烧热倒入油，下姜葱末爆香，将腌制好的虾仁放至锅中快速炒至呈红色；加入玉米粒并倒入调味汁烧1分钟，加入蚝油再焖煮1分钟；最后加入洋葱丝，关火，用余温翻炒洋葱至熟。

4. 取一张春卷皮，平摊，分别放上生菜、炒好的虾仁，卷起来即可食用。

制作过程

主料：假蒌叶20张、肉糜适量、鸡蛋1个。

调料：油10毫升、盐1克。

步骤：

1. 假蒌叶摘下，清洗干净，擦干表面水分备用。

2. 肉糜加盐搅拌均匀，取两张大小相仿的叶子，在中间夹上肉糜，做成一个假蒌荚。

3. 假蒌荚放在鸡蛋液中均匀粘上一层薄薄的蛋液，平底锅中倒入油，烧热后，将拖了蛋液的叶子荚小心煎熟即可。

制作过程

主料：魔芋300克、泡辣椒10个、香葱2根。

调料：料酒5克、盐2克、油5克、生抽5克、蚝油3克、蒜末5克、葱末5克、小米椒2个。

步骤：

1. 将魔芋切成10厘米长、1厘米宽、5毫米厚的薄片，在中间划上一刀，再抓住一头穿过中间的小洞，即神奇地变成一个扭花魔芋结了。

2. 泡辣椒、小米椒用刀剁碎成剁椒，放入碗中，加入盐、料酒、油、生抽、蚝油、蒜末、葱末等调成一碗酱汁。

3. 将刚才做好的魔芋结小心地码放到盘中，把调好的酱汁淋到魔芋结上，放入蒸锅，开大火蒸3分钟，出锅后趁热撒上葱花，放凉食用即可。

泰式鲜橙虾

制作过程

主料：新奇士鲜橙1个、鲜虾300克、干银耳1朵、美国大柠檬1/4个。

调料：柠檬汁适量、泰式甜辣酱30克、鱼露5克、盐少许、白糖少许、姜片少许、料酒少许、蒜蓉适量、薄荷叶少许、小米椒1个（可选）。

步骤：

1. 鲜虾洗净后，烧一锅水，把鲜虾放到水中焯熟，可在水里加入姜片和料酒去腥。虾熟后，马上投入冰水中降温，使虾肉口感结实弹牙；干银耳用温水泡发后，摘小朵，再用开水焯2分钟，捞出后同样入冰水降温备用。

2. 薄荷叶洗净切碎，与泰式甜辣酱、鱼露、小米椒、蒜蓉、盐、白糖混合成一碗酱汁。

3. 向酱汁里挤入适量柠檬汁，虾去壳后放入酱汁中腌制入味。鲜橙一切为二，取果肉，注意把果肉外满膜也要清除干净。银耳沥干水，和新奇士鲜橙果肉混合。

4. 将银耳和鲜橙果肉倒入酱汁中，拌匀即可食用。

戏戏小语

新鲜海虾焯水的时间不要太长，放入锅中等水再次沸腾，再煮1分钟即可，时间过长，不仅会使虾肉变老，不够鲜美，还会流失大量营养物质。

制作过程

主料：美国大杏仁300克。

调料：黄油50克、盐10克。

步骤：

1. 黄油提前软化；大杏仁去掉外层硬壳，取杏仁果；在烤盘上垫一张锡纸，把杏仁平摊在锡纸上。

2. 烤箱预热至180摄氏度，把杏仁放到烤箱里烤8分钟。

3. 烤杏仁的时候，把软化黄油切成小丁备用。

4. 8分钟后，把杏仁从烤箱中取出，加入黄油，趁热拌匀，使每一个杏仁都沾上一层黄油。

5. 再把食盐均匀地撒到沾了一层黄油的杏仁上，再送入烤箱烤5分钟。

6. 烤制过程中可再次取出用刮刀翻动杏仁，使每一颗杏仁都均匀入味；取出晾凉后即可食用，用密封罐子保存可长达一周左右。

戏戏小语

每天吃上一把大杏仁有助于控制体重，因为吃少量大杏仁很容易产生饱腹感，有助于控制其他食物的摄入，是减肥人士的福音。

选杏仁时要选核壳较硬的，挑选时选择形状规整、表面呈浅黄色，色泽均匀的杏仁；核仁扁长小而鼓，核壳薄，开口率就高，口感香脆。

咖喱牛肉

制作过程

主料：牛肉500克、土豆2个、蒜瓣5瓣、指天椒3个、香葱2根、姜1块。

调料：咖喱粉30克、椰奶100毫升、盐5克、油52克、橄榄油8克。

步骤：

1. 牛肉洗净，顺着横纹切成大块，香葱切碎。

2. 锅中倒入清水，放牛肉入锅，下蒜瓣、香葱、姜、指天椒一起煮出香气，调成小火煮30分钟，用筷子扎一下牛肉，可以轻松扎破则关火。

3. 煮牛肉的时候，把土豆洗净，切成大块，另取一口平底锅，倒入少量油，把土豆煎至表面呈金黄色，备用。

4. 牛肉煮好捞出滤水。

5. 平底锅里倒入橄榄油，把切碎的香葱入锅炒香，下牛肉和土豆，倒入一碗水，加入咖喱粉翻炒至上色，大火烧开后调成小火煮20分钟，出锅前调入椰奶和盐即可。

戏戏小语

煮牛肉要注意把汤面上的浮沫撇干净。

椰奶不宜煮太久，否则会结块，出锅前调入即可。

土豆不用去皮，带皮的土豆吃起来别有风味。

香菜酱油拌牛肉

制作过程

主料：牛腱肉1块（约250克）、香菜3根、蒜瓣3瓣。

调料：盐2克、八角1个、香葱2根、花椒1小把、蒸鱼豉油5克、蚝油5克、辣椒油3克、香油2克、油10克。

步骤：

1. 牛腱肉处理好后洗净，放入小锅中，加入八角、花椒、盐，倒入清水（没过牛肉为准），大火烧开，烧5分钟，撇净浮沫，调成小火继续煮20分钟，用筷子扎肉，没有血水溢出即关火，再焖透；把香菜用流动的清水洗净备用；把牛肉捞起切成薄片，香菜切成段，蒜瓣也拍碎备用。

2. 把牛肉、香菜段、蒜瓣混合到深口碗中，加入蒸鱼豉油、蚝油、辣椒油、香油，拌匀，静置5分钟。

3. 取一个大汤勺，倒入油，置于炉灶中，小火慢慢加热至起烟；把热油倒入拌好的香菜牛肉中即可。

戏戏小语

牛肉最好选择牛腱肉，此部位的肉比较脆爽，而且久煮不老。

但是煮牛肉的时间还是不宜过长，用筷子扎一下肉，看到没有血水溢出即是熟了，要马上关火用余温焖透就可以了，这样能最大限度地保留牛肉的风味，并且肉质较脆嫩。

剩下煮牛肉的汤，可以用来煮面，嘿嘿，牛肉汤面咧。

牛肉记得切横纹哦。

调料中有用到蒸鱼豉油，蒸鱼豉油较普通生抽更鲜更甜，用来凉拌非常好吃，如果买不到蒸鱼豉油，用传统生抽代替也是可以的。

用大汤勺加热食用油时，油不要太满，最好用小火慢慢加热，这样油就热得比较充分。

红烧板栗鸡

制作过程

主料：鸡大腿500克、板栗200克。

调料：盐2克、料酒5毫升、白糖5克、生抽10毫升、姜末适量、蒜蓉适量、葱花少许。

步骤：

1. 板栗整个洗净表面灰尘，在凸的那面浅切一刀，放入锅中，加入清水略煮3分钟；板栗捞出后马上用冷水浸泡，水凉后，用手一掰即可把板栗完全取出，备用。

2. 鸡大腿洗净，沥干之后斩件，加入盐、料酒拌匀，腌制10分钟；把腌制好的鸡大腿放入铁锅中，用小火煎至慢慢出油且两面焦黄；再加入姜末、蒜蓉翻炒增香。

3. 倒入一碗清水，依次加入生抽、白糖、板栗用中小火煮20分钟。

4. 大火收汁，最后撒上葱花。

戏戏小语

板栗去壳是件很麻烦的事，可以在购买的时候请店家用专用工具帮忙将板栗划开，放入水中略煮后要马上用冷水浸泡，利用热胀冷缩的原理就比较容易去壳了。

鸡大腿一般含油量比较高，用小火慢煎可以煎出不少鸡油，这道菜中就不用放油了。

板栗可以益气血、养胃、补肾、健肝脾，不过板栗不宜一次食用太多。

韭酱凤尾虾

制作过程

主料： 韭菜100克、鲜虾200克、松仁10克、橄榄油10克、面包屑适量。

调料： 盐2克、生抽2克、白胡椒粉2克、料酒少许、油100克（实耗10克）。

步骤：

1. 韭菜洗净，沥干水切段备用；鲜虾去虾头、虾壳，留虾尾；在虾仁的背上横割一刀，挑去虾线洗净，用刀背轻拍至扁平，成琵琶状，放入碗中，加入所有调料腌制5分钟。

2. 腌制好的虾仁拍上面包屑，下油锅炸成凤尾形状，捞出用厨房纸吸干多余油分，松仁也用平底锅炒香备用。

3. 锅里烧一锅水，煮开后，把韭菜放水里焯2分钟，捞出与炒香的松仁混合，倒入食物搅拌机中，倒少量橄榄油，调入盐，搅拌成泥状，成韭菜酱。

4. 炸好的凤尾虾蘸韭菜酱食用。

戏戏小语

“韭菜春食则香，夏食则臭”。春季的韭菜口感最好，香气正浓，所以绝不能错过用春韭所做的韭菜酱。

做韭菜酱，选购韭菜要以叶子鲜嫩、颜色翠绿为佳，这样的韭菜营养素含量较高。

消化不良或肠胃功能较弱的人，吃韭菜易胃灼热，不宜多吃。

松枝苗炝蛏子

制作过程

主料：蛏子500克、松枝苗200克。

调料：盐2克、生抽5克、蚝油3克、泡辣椒 2个、蒜蓉适量、香葱1根、姜2片、油10克。

步骤：

1. 蛏子从蛏壳中取出，去掉内脏和肠子，洗净备用；松枝苗也洗净滤干备用；泡辣椒剁碎，香葱切碎。

2. 锅里烧开一锅水，放姜片煮出香气后，下蛏子迅速焯水，取出过凉水。

3. 再烧开一锅水，下松枝苗焯熟，捞起垫入盘底。

4. 锅里的水倒掉，锅烧热后倒油，下蒜蓉、泡辣椒、香葱炝香，再倒入蛏子炝炒，加盐、生抽、蚝油入味，起锅捞出倒在松枝苗上即可。

戏戏小语

蛏子一定要处理干净，否则吃到沙子就影响口感了。

炝炒的时间不宜过长，一定要快。

彩椒鱼块

制作过程

主料：罗非鱼1条、青椒2个、红椒2个、野生泡椒10个。

调料：油15克、盐10克、生抽1匙、白胡椒粉10克、料酒少许、姜末适量、蒜蓉适量、葱花适量。

步骤：

1. 买回来的罗非鱼用刀小心地将其骨肉分离，鱼肉切成2厘米长宽的小丁。

2. 将青椒、红椒切成小块，泡椒切成小粒，再把其他配料也相应地切好。

3. 锅里放油，先把鱼丁放进锅里滑一下，表面变色后倒回碗内，留底油。

4. 往锅里放姜末、泡椒粒和蒜蓉，旺火炒香。

5. 倒入鱼丁，加入盐、生抽、白胡椒粉、料酒、葱花翻炒。

6. 最后放青红椒稍炒入味即可。

戏戏小语

野生泡椒是用指天椒泡制的，长时间的浸泡，辣椒肚里全是水，一定要切碎，否则下锅时会爆油，弄不好会弄伤小手呢。

炒鱼丁时鱼皮最容易粘锅，所以最好在炒鱼丁之前先滑一下锅，而且最好用不粘锅来操作，要么就先用一块姜片在锅里打圆圈擦均匀，再放油倒入鱼肉快炒，这样才能使鱼皮整齐哦。

炒的时间不要太长，两三分钟足矣，翻炒太多次鱼丁就会变鱼碎了。

肉酱洋葱塔

制作过程

主料：牛肉200克、胡萝卜1/2根、白洋葱1个。

调料：盐2克、油10克、料酒2克、淀粉2克、生抽5克、蒜瓣2克、黑胡椒适量、葱花适量。

步骤：

1. 牛肉洗净后，用刀剁碎，加入盐、料酒、生抽、淀粉等腌制15分钟；胡萝卜切成碎丁后，也拌入腌好的牛肉中，做成肉酱。

2. 洋葱去皮洗净，横剖成两半，取出中间较小的洋葱芯，成盅状。

3. 将取出的洋葱芯和蒜瓣切碎，混入肉酱中拌匀，填入洋葱盅内。

4. 入烤箱以200摄氏度烘烤20分钟或者入蒸锅中蒸8分钟即可，出锅后现磨黑椒粉撒在肉酱上，用小葱花装饰。

戏戏小语

洋葱被誉为“菜中皇后”，是为人体补充丰富营养的蔬菜之一，根据其皮色可分为白皮、黄皮和红皮三种。洋葱所含的微量元素硒是一种很强的抗氧化剂，能增强细胞的活力和代谢能力，具有抗衰老的功效。

切洋葱时可以先将洋葱放入冰箱里冷藏后再切，就不会流眼泪啦。

如果是蒸制的话，洋葱盅外圈至少要留两层洋葱，避免熟后软塌不成形，如果是烤制，要烤到肉酱表层上色，微焦才够香。

芝香烤肉排

制作过程

主料：肉排500克。

调料：新奥尔良烤肉料30克、白芝麻适量。

步骤：

1. 先在30克新奥尔良烤肉料里加适量水调成酱汁。

2. 再加入洗净的肉排拌匀，放入保鲜盒中，置于冰箱中腌制一个晚上。

3. 碗里倒入白芝麻，把腌制好的肉排放在白芝麻上滚一滚，使肉排均匀沾上白芝麻。

4. 烤箱预热到220摄氏度，将肉排放在烤架上放入烤箱内，在上面铺上锡纸，开热风循环，烤15分钟。

戏戏小语

这种烤肉料比较温和，不算太辣，挺适合大众口味的。

没有热风功能的烤箱，中途要取出翻面。

盖上锡纸是防止芝麻被烤焦。

北极贝鲜橙蒸蛋

制作过程

主料：北极贝10个、鲜橙5个、鸡蛋2个。

调料：白糖10克、盐2克、白胡椒粉少许。

步骤：

1. 北极贝加入盐、白胡椒粉腌制10分钟。

2. 鲜橙用刀一切为二，取出橙肉，再将橙皮改刀成带齿状的鲜橙盅备用；橙肉去掉橙核，用纱布挤出橙汁。

3. 将鸡蛋打散，加入橙汁、白糖混合成橙汁蛋液。

4. 把橙汁蛋液倒入准备好的鲜橙盅，在中间放入腌制入味的北极贝，放入蒸锅，大火蒸7~8分钟，蛋液凝结即可。

戏戏小语

白糖可适当多放一些，去除鲜橙的苦味。

金玉满堂炒粒粒

制作过程

主料：鲜玉米粒500克、松仁20克、红菜椒1个 。

调料：油8克、盐5克、蒜蓉5克。

调料：

1. 鲜玉米粒洗净，去除浮在水面上的玉米须和籽膜，滤干水备用。

2. 红菜椒切成与玉米粒大小的丁。

3. 锅烧热，倒油，下蒜蓉炝香，倒玉米粒至锅中翻炒至表面变色，调入盐继续翻炒成熟，倒入松仁、红椒丁继续翻炒1分钟即可。

戏戏小语

玉米本身具有天然的甜味，这道菜只需要盐来简单调味即可。

制作过程

主料：干沙虫20根、冬瓜500克、枸杞1小把。

调料：盐3克、白胡椒粉少许、高度米酒5克、姜丝适量、葱花适量、油5克。

步骤：

1. 干沙虫用剪刀剪去尾部沙带，再在两侧间隔地剪一刀但不剪断，这样煮出来的沙虫就会变成好看的沙虫花。

2. 剪好的沙虫放入温水中浸泡至软，洗净滤干备用；冬瓜去皮，切成大块。

3. 锅烧热，倒油，下姜丝爆锅，把沙虫放到锅里爆香，淋入高度米酒，会升腾起一股鲜香味道，马上倒入一碗开水，煮开煮成奶白汤水。

4. 取一个沙锅，把冬瓜块放到锅里，再倒入煮好的沙虫汤水，加盐，撒上白胡椒粉和枸杞，置于灶上煮至冬瓜软糯即可，出锅撒上葱花。

戏戏小语

沙虫属于北部湾海中第一鲜，干沙虫煲冬瓜更是鲜中带甜，是北部湾地区人民日常乃至宴席最不可或缺的一道菜了。在处理沙虫的时候一定要记得将尾部那根长长的沙带剪掉，还要反复清洗以免有沙子磕牙。

用沙锅做煲的时候，要注意锅的外壁和底部干燥，以防裂锅。

制作过程

主料： 豆芽50克、鲜虾200克、培根5片。

调料： 盐2克、料酒5克、姜末2克、白胡椒粉少许、油少量。

步骤：

1. 培根解冻，将豆芽摘去根部，虾去头去壳取净虾仁；虾仁用刀剁成茸，加料酒、白胡椒粉、盐、姜末搅成虾胶备用。

2. 锅里烧开水，把豆芽放到锅里稍微焯一下去豆腥味，加些盐和油保持翠色。

3. 将培根切成等量的两半，平铺在锡纸上，再将虾茸小心地平摊到培根上，再放入沥干水的豆芽。

4. 用锡纸将培根卷起来，入烤箱200摄氏度烤15分钟，取出切段摆盘即可。

制作过程

主料： 海蜇800克、炸花生50克、洋葱1/2个、薄荷叶适量。

调料： 陈醋100克、姜2大片、料酒5克、蒜蓉少许、蒸鱼豉油2克、香油5克。

步骤：

1. 海蜇用清水反复浸泡，去其海水的咸涩味；洋葱切成丝，薄荷叶洗净沥水备用。

2. 烧开一锅水，放姜片，倒入料酒，再倒入浸泡好的海蜇和洋葱丝，焯煮5秒钟即取出过凉水备用。

3. 取一个大碗，把过了凉的海蜇和洋葱丝倒入碗内，倒入陈醋，浸泡15分钟。

4. 15分钟后，将陈醋滤出，把海蜇、洋葱丝放入盘中，调入蒸鱼豉油、香油，再加入蒜蓉、薄荷叶，将炸花生拍碎，撒在海蜇表面上即可。

麻辣韭芯圈

制作过程

主料：韭芯100克、花椒10颗、辣椒面5克、蒜蓉适量、牙签若干。

调料：盐2克、生抽10克、香油3克、红油3克、油5克、白芝麻少许。

调料：

1. 韭芯洗净滤干水；锅里烧开水，把韭芯放到锅里焯煮2分钟，加少量盐和油，捞起过凉水，迅速降温，把韭芯从头到尾卷成一个圆圈圈，再插入牙签，成棒棒糖形状，码入盘中。

2. 取一个小碗，调入盐、生抽、香油、红油、辣椒面、白芝麻。

3. 锅里倒油，烧热，下花椒爆香后弃用，再放入蒜蓉慢焙成金黄色，将蒜蓉热油倒入小碗中，调成酱汁。

4. 把酱汁淋到韭芯圈中即可。

酸辣凤爪

制作过程

主料：新鲜凤爪250克、酸柠檬1/2个、酸藠头6个、泡红椒1个、野生酸辣椒10个、蒜蓉10克、姜末5克。

调料：盐3克、蒜蓉3克、姜末3克、生抽5克、蚝油5克、白糖10克、油5克。

步骤：

1. 凤爪用刀剁去趾尖，再切成两段；锅里放入清水，放凤爪，开小火慢慢煮10分钟；将酸柠檬、酸藠头、泡红椒、野生酸椒剁碎，和蒜蓉、姜末混合于碗中；煮好的凤爪取出，放在冰水中降温。

2. 另取炒锅，倒入油，把酸柠檬等倒入锅内爆香，倒入盐、生抽、蚝油、白糖调成酱汁，倒入保鲜盒中，晾凉备用。

3. 用厨房纸吸干凤爪的水分，依次放入酱汁中浸泡24小时即可。

制作过程

主料：南杏仁100克、牛奶200毫升、琼脂20克。

调料：白糖适量、炼奶适量。

步骤：

1. 提前半天将杏仁泡水，将泡好的杏仁用食物搅拌机搅打成杏仁浆，再将杏仁浆用布袋过滤出杏仁汁。

2. 将20克琼脂放到200毫升的清水中，用小锅加热融化；琼脂融化后，倒入200毫升纯牛奶，加入白糖搅匀，小火加热至微沸；倒入杏仁汁，再次小火煮至微沸；将煮好的杏仁牛奶倒入方形的保鲜盒中。

3. 用小汤勺将表面的小泡沫撇干净，静置晾凉，放入冰箱冷藏格冷藏至成形；食用的时候切成小块，再加入炼奶调味即可。

制作过程

主料：选切片火腿10片、净鱼肉100克、洋葱1个、生菜1棵、紫甘蓝100克、番茄1个。

调料：盐2克、料酒少许、油咖喱适量、食用油10克、干淀粉适量。

步骤：

1. 将生菜、紫甘蓝、番茄冲洗干净，将净鱼肉剁成鱼茸，放入深口碗中，加入盐和料酒顺一个方向搅拌；洋葱切成小丁，加入鱼茸中，并加油咖喱拌匀；取出火腿片，涂上少许干淀粉，把拌匀的鱼茸平摊在火腿片上铺满。

2. 平底锅中放少许油烧热，把火腿片放入锅中用中火煎至两面金黄。

3. 待火腿片晾凉后，卷入切成细丝的生菜和紫甘蓝，最中间放上1/4个番茄块，用牙签固定即可食用。

制作过程

主料：羊前腿1只（约1000克）、玉米50克、毛豆仁50克、胡萝卜10克、马蹄（荸荠）6个、红黄水果椒各1个。

调料：

A：八角2个、大葱1根、蒜瓣10个、料酒30毫升、盐2克、胡椒粉5克。

B：油10克、生抽10克、海鲜酱10克、蚝油10克、百里香2克、蜂蜜10克、孜然5克、辣椒面少许。

步骤：

1. 羊腿请店家代去羊皮，羊皮可另做他用；净羊腿洗净放入高压锅内，加入清水，放调料A，加盖加阀压15分钟；等高压锅内的汽放完之后，把羊腿取出，吊起沥干。

2. 把调料B的所有调料混合成烤肉酱汁。

3. 在烤盘上垫一张锡纸，往羊腿反复刷上烤肉酱汁，放入预热200摄氏度的烤箱中烤一个小时，中途多次取出，并刷上烤肉酱汁。

4. 把辅料准备好，切成大小相仿的颗粒，入炒锅中炒香，再倒入圆形烤盘中；一个小时后，把羊腿取出，放在圆烤盘上，食用时用刀叉切成小片即可。

戏戏小语

烤羊腿的时间不宜太长，太软烂的羊肉烤起来不好吃，而且不利于整体造型。

烤制的过程中，前30分钟可以用锡纸包紧，以防烤的时候过长，羊腿的水分大量流失，影响肉质鲜嫩口感。

由于羊肉有一股羊膻怪味，在烤羊肉的时候最好配上孜然。

搭配上各色蔬菜除了有感观上的享受，更重要的是荤素平衡、营养全面。

龙井兰花煮鳕鱼

制作过程

主料：龙井茶10克、银鳕鱼200克、鸡蛋1个、西兰花1大朵。

调料：盐2克、姜2片、料酒3克、胡椒粉少许、油适量。

步骤：

1. 准备好食材，西兰花摘成小朵洗净后用清水浸泡15分钟；银鳕鱼切成小块，加胡椒粉、料酒、盐腌制片刻。

2. 龙井茶放入茶壶中，倒入90摄氏度左右的开水冲泡，滤出茶水备用；鸡蛋打散，平底锅里倒入少许油，把蛋液摊成鸡蛋饼备用。

3. 摊好的鸡蛋饼稍凉后，切成蛋丝。

4. 沙锅里倒入茶水，放几片姜煮开。

5. 茶水煮开后，放腌制好的鳕鱼；加入西兰花，用盐调味，出锅前加入蛋丝即可。

戏戏小语

用茶水煮汤，除了有浓浓的茶香，还可以去掉如鱼、蛋的腥味。

鳕鱼很娇嫩，煮的时间不宜太长，西兰花最好先焯下水再下锅煮，可以节省烹饪时间，让鳕鱼保持最佳的口感。

肉腩炖白菜

制作过程

主料：五花肉腩500克、白菜1颗、干辣椒5个、高汤1碗。

调料：

A：盐2克、八角2个、花椒10颗、大葱1根、姜5片。

B：盐1克、生抽10克、蚝油10克、蒜蓉10克、葱末5克、姜末5克、鸡粉5克。

步骤：

1. 五花肉腩用刀片剃干净肉皮表面的细毛，洗净后，放入锅中，加入适量的清水，放盐、八角、花椒、大葱、姜片煮10分钟，捞起，浸入凉水中备用；白菜掰开，洗净，切成细丝。

2. 取一个大的平底沙锅，放白菜丝垫在锅底，撒入少许盐拌匀。

3. 凉透的五花肉腩用刀切成薄片，也整齐地码到白菜上，再将干辣椒掰碎了撒在肉腩上。

4. 将调料B所有的配料调成一碗调味汁。

5. 把调味汁淋到五花肉腩上，倒入高汤，置于电磁炉上煮开即可。

戏戏小语

节日宴席总要有些热腾腾的菜，肉腩炖白菜是祖祖辈辈传下来的团圆菜，还可以往里面加些粉丝、粉条，怎么来都好吃。

制作过程

主料：鲜鲍10个、粉丝1小把、蒜瓣1瓣、红葱2小段。

调料：姜1块、盐1克、料酒5克、油5克、生抽5克、蚝油5克、胡椒粉2克。

步骤：

1. 买回的鲜鲍把外壳的细沙刷洗干净，取一把尖头刀沿着鲍鱼的边缘划一圈，切断鲍鱼与壳之间的粘连点，使鲍鱼与鲍壳分离；把鲍鱼肚里的内脏轻轻撕开弃用；用刷子把鲍鱼外面的黑泥刷洗干净备用。

2. 把处理干净的鲍鱼放在案板上，用刀在鲍鱼表面切十字花刀，备用。

3. 把蒜用压蒜器压成蒜蓉，姜和红葱也分别剁成碎末，一起放进碗里，加入盐、料酒、生抽、油、蚝油、胡椒粉混合成一碗调味汁；粉丝用温水泡发。

4. 取一个鲍鱼壳，垫上粉丝，把处理好的小鲍鱼放在粉丝上面，再淋上调味汁，待蒸锅开始上汽，送入蒸锅蒸15分钟，出锅后撒上少许葱花即可。

戏戏小语

节日中的菜式，众口难调，需要一些稳中求胜的菜式。蒜蓉粉丝与海鲜是绝配，无论是扇贝、带子，还是有一点点高贵气质的鲜鲍，做法都是相同的，根据自己的实际情况出发，这是一道最适合宴客又百战百胜的菜式。

制作过程

主料：明虾500克、海盐（粗盐）1000克、香葱2根。

调料：姜1块、白胡椒粉5克、料酒5克、高度白酒适量。

步骤：

1. 明虾洗净，用剪刀剪去虾枪虾须。

2. 处理好的明虾加入少许白胡椒粉、料酒腌制10分钟左右。

3. 平底锅中加入海盐，翻动炒热。

4. 姜切成粗末，香葱的葱白也切成粗末，加入到炒热的海盐中，炒出香气；再将明虾整齐码入平底锅中，加盖，调成中小火焖2分钟。

5. 打开锅盖，淋入高度白酒，再加盖焖1分钟提香；开盖撒上切好的香葱末即可。

戏戏小语

海盐具有很好的导热和保温的效果，将海虾摆在海盐上，利用海盐的热度把虾焖烤至熟，可很好地保持虾的鲜和嫩，在宴席上红彤彤的大虾摆上桌来，非常讨喜。

焖的时间不宜过长，因为即便出锅后，海盐的热度还会给虾进行烹饪，置于灶上的时间3分钟足够，火力也不宜太大。

最好准备好一碗柠檬水用来洗手。

制作过程

主料：梭子蟹2只（约500克）。

调料：绍兴花雕酒250毫升、糟卤250毫升、盐20克、冰糖10颗、姜2片。

步骤：

1. 新鲜的梭子蟹洗净，宰杀，斩成两半。
2. 取一个可密封的罐子，倒入花雕酒与糟卤摇匀。
3. 加入姜片、冰糖和盐，再次摇匀。
4. 把处理好的梭子蟹投入罐子中。
5. 密封好瓶盖，放入冰箱冷藏3~4天，蒸熟再食用，酒香四溢。

戏戏小语

在此戏戏还是要提醒大家，吃蟹要注意的几个问题。首先，因螃蟹是以动物尸体或者腐殖质为食，所以其本身具有很多细菌，所以螃蟹一定要熟透了才可以吃；同时，死蟹也不宜吃，螃蟹死后细菌很容易扩散到蟹肉中，食后容易导致人呕吐、腹泻；还要注意的是，蟹一次如果吃不完，剩下的一定要保存在干净、阴凉通风的地方。

三文鱼豆腐塔

主料：三文鱼100克、日本豆腐适量、柠檬1/2个。

调料：橄榄油5克、盐2克、生抽10克、白糖2克、芥末适量、香菜叶适量。

步骤：

1. 三文鱼切成薄片，放入料理碗内，加入橄榄油、盐，挤入柠檬汁拌匀稍腌。

2. 将日本豆腐切成均匀的柱状，放在盘中送入蒸锅蒸3分钟。

3. 生抽与白糖混合成酱汁。

4. 小碟中，放上一块豆腐再将一片三文鱼放在豆腐上，淋上调好的酱汁，装饰上柠檬片和香菜叶，喜欢芥末味道的再挤上芥茉，即可上桌，每人一份。

绍酒煮海螺

制作过程

主料：海螺800克、绍酒100克、姜2块、香葱2根。

调料：生抽5克。

步骤：

1. 海螺放入清水中让其吐尽泥沙。

2. 将海螺放入沙锅内，倒入适量的水。

3. 再加入绍酒、姜片、香葱，大火煮开，倒入生抽，转小火煮10分钟即可。

腊味合蒸

制作过程

主料：腊肉100克、腊肠100克、莲子100克、小南瓜2个。

调料：盐3克、生抽5克、蚝油5克、白胡椒粉5克、香油2克、姜末2克、高度米酒适量。

步骤：

1. 用刀在小南瓜表面斜切45度对角，切出漂亮边缘并挖去瓜瓤做成瓜盅备用。

2. 腊肉、腊肠分别切成厚片，生抽、蚝油、白胡椒粉、香油调成一碗酱汁。

3. 泡好的莲子，加入盐拌好，并放入瓜盅的底部。

4. 把切好的腊肉、腊肠码放在莲子上层，撒上姜末，淋少许高度米酒，并淋上调好的酱汁，将瓜盅送入蒸锅隔水蒸30分钟即可。

香茅鸡

制作过程

主料：香茅草1把、土鸡半只。

调料：盐2克、生抽5克、料酒5克、蚝油2克、白胡椒粉少许、姜2片、油10克。

步骤：

1. 土鸡洗净斩件，加盐、料酒、生抽、蚝油、白胡椒粉、姜片等腌制半小时。

2. 香茅草剥去外皮，取中间那根草芯，用刀拍扁，切段。

3. 锅烧热，放底油，下腌好的鸡块，快速翻炒，炒到有点焦黄时，加香茅草入锅翻炒，调小火加盖焖10分钟即可。

海鲜佛跳墙

制作过程

主料：小冬瓜1/2个、鲜虾6只、鱿鱼2只、蛤蜊10只、豆腐2块、粉丝1小把、鱼丸适量、蟹棒适量、高汤1大碗、鸡粉1勺、绍酒1大勺。

调料：盐5克、料酒10克、白胡椒粉5克。

步骤：

1. 粉丝提前用温水泡发备用，蛤蜊放入水中，切半只辣椒放入水中让其快速吐沙；冬瓜用挖勺去内瓤，并用小刀修整边缘成齿状作为冬瓜盅；鲜虾剪去虾脚虾须虾枪，加盐、料酒、白胡椒粉腌制。

2. 鱿鱼去墨袋、撕去外膜，改刀切十字花刀，加盐、料酒、白胡椒粉腌制；豆腐切成小丁。

3. 烧开一锅水，下蛤蜊煮至刚开口马上取出；再把切好的鱿鱼下入锅里焯成鱿筒，取出。

4. 接着把豆腐放入水中稍微焯一焯，这样可以令豆腐更结实不易散，而且可以吸收蛤蜊的鲜味；把泡好的粉丝捞起剪断，垫入冬瓜盅底部。

5. 再依次把鲜虾、鱿鱼卷、豆腐丁、蛤蜊、鱼丸、蟹棒等放入冬瓜盅内，倒入高汤，加一勺鸡粉和绍酒。

6. 送入上汽的蒸锅中，蒸20分钟即可。

戏戏小语

“佛跳墙”原名“荤罗汉”，是福建地区的首席古典名菜，名厨师郑春发创制，他将鸡、鸭、火腿、鱼翅等名贵食材投进绍兴酒坛里，菜香味浓郁，鲜美异常，赋诗：“坛启荤香飘四邻，佛闻弃禅跳墙来……”从此“佛跳墙”便为正名。

饭后甜点

冰糖燕窝炖雪梨

制作过程

主料：干血燕燕窝6克（2人份）、雪梨2个。

调料：冰糖2颗。

步骤：

1. 用量秤称好燕窝的分量，将干燕窝用纯净水浸泡4~8个小时，待燕窝轻软膨胀后用小镊子将浮起的小燕毛夹出，再用纯净水过滤清洗一至二遍；清洗干净后，将燕窝按纹理小心撕成细条，燕头处尽量用指头碾细；雪梨洗净，在靠近蒂部2厘米处横切一刀，用挖球器挖干净内瓤，做成雪梨盅。

2. 用小刀在雪梨盅边沿间隔地切出小的倒三角形，便可切成漂亮的边沿了；切出来的雪梨小丁可放到汤中起到糖的作用。

3. 将处理好的燕窝倒入炖盅内，加入纯净水浸过燕窝，1个炖盅内放入1颗冰糖调味。

4. 把刚才切出的雪梨蒂部盖到雪梨盅上，这样是为了防止在蒸燕窝的过程中，蒸锅内的蒸汤会滴到燕窝中，影响味道。蒸锅水烧开，把加盖的燕窝雪梨盅放到蒸锅中，以文火炖1~2个小时。

5. 直到燕窝表面呈现少量泡沫，黏稠感十足为蒸好的标准，吃的时候，连雪梨都一起吃掉。

戏戏小语

燕窝分成血燕与白燕，以血燕为上品，但价格也相对贵些，家庭消费的话可选购燕条，燕条是在采摘或运输途中不小心弄碎的燕窝，但营养价值是一样的，价格也要便宜一些。

食用燕窝时，尽量清简，保持原味，临睡前食用可安神补脑。

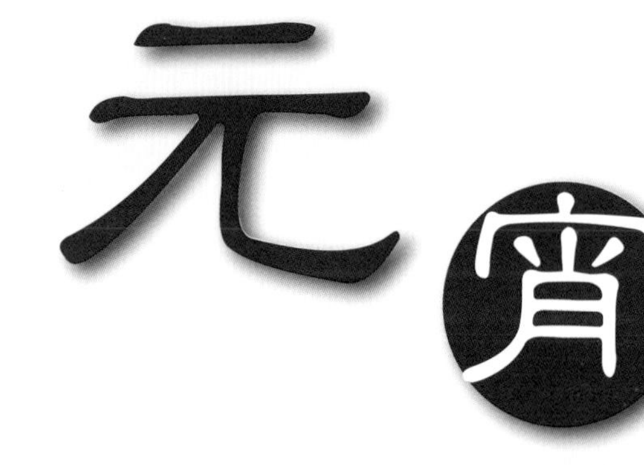

花灯如昼，烟花舞狮

正月十五是一年中第一个月圆之夜，自古就有月圆团圆的说法，所以又称为“上元节”，古人称夜为“宵”，也叫元宵节，又称为小正月、元夕或春灯节。吃元宵、赏花灯、猜灯谜是元宵节最重要的习俗。

元宵节因与春节相接，所以延续了春节的热闹，白昼为市，热闹非凡，夜间燃灯，蔚为壮观。

节日习俗

■ 张灯

自从元宵张灯之俗形成以后，历朝历代都以正月十五张灯观灯为一大盛事。据《隋书•音乐志》记载：元宵庆典甚为隆重，处处张灯结彩，日夜歌舞奏乐，表演者达三万余众，奏乐者达一万八千多人，戏台有八里之长，游玩观灯的百姓更是不计其数，热闹非常。张灯结彩以外还放焰火，表演各种杂耍，情景更加热闹。

■ 猜灯谜

“猜灯谜”又叫“打灯谜”，是元宵节后增的一项活动，灯谜最早是由谜语发展而来的，起源于春秋战国时期。它是一种富有讥谏、诙谐、笑谑的文艺游戏。谜语悬之于灯，供人猜射，开始于南宋。

■ 耍龙灯、舞狮子

耍龙灯，也称舞龙灯或龙舞，中华民族把龙作为吉祥的象征，舞龙灯算得上是中华龙文化最直观的一种表现，它的起源甚至可以追溯至上古时代。有舞龙灯必须有舞狮子，每逢元宵佳节或集会庆典，民间都以狮舞前来助兴。

■ 踩高跷

踩高跷，是民间盛行的一种群众性技艺表演。高跷本属我国古代百戏之一种，早在春秋时已经出现。

■ 送孩儿灯

简称“送灯”，也称“送花灯”等，即在元宵节前，娘家送花灯给新嫁女儿家，以求添丁吉兆。

节日食俗

元宵是元宵节之夜必须要食用的小吃，历史十分悠久。据传，汤圆起源于宋朝，当时各地兴起吃一种新奇食品，即用各种果饵做馅，外面用糯米粉搓成球，煮熟后，吃起来香甜可口，饶有风趣。因为这种糯米球煮在锅里又浮又沉，所以它最早叫“浮元子”，后来有的地区把浮元子改称元宵。到了近代袁世凯当大总统时，因为“元”与“袁”同音，“宵”又与“消”同音，袁世凯避讳，就下令将元宵改为了汤圆。

其实无论是汤圆或元宵，无非都是用糯米粉做皮，芝麻做馅，搓成圆球，寄托了人们对团团圆圆、和和美美的美好愿望。

草莓汤圆

制作过程

主料： 糯米粉200克、黑芝麻200克、白糖50克、猪油少许，新鲜草莓适量。

调料： 白糖约10克、姜3片、面粉少许。

步骤：

1. 草莓洗净滤干，切成小丁；把糯米粉过筛到料理碗中，加入白糖混合拌匀；倒入100克开水，慢慢调匀。

2. 把碗中的糯米粉揉成一个光滑、不沾手的面团；盖上湿布，把揉好的面团醒15分钟。

3. 黑芝麻放入无油的平底锅中，用小火翻炒，炒出香味后，加入少许面粉，再炒2分钟关火晾凉；然后将其放入食物搅拌机，搅成粉末，倒入碗中，加入白糖和猪油，拌匀，揉紧，就是芝麻馅了。

4. 取适量醒好的面，放在手中双手揉搓成一个小碗状，填入芝麻馅，收口滚圆，做成汤圆备用。

5. 取沙锅，倒入2000毫升清水，加入姜片煮开并出香气。

6. 下汤圆煮10分钟直至浮起，舀入碗中，加入草莓丁，趁热食用，草莓香气让人陶醉，浓郁果香带来一阵阵春天的期待。

创意无限

奶香雨花石元宵：和面的时候，把粉分成三份，一份不加其他东西，一份加入绿茶粉，一份加入巧克力粉，分别揉成白色面团、绿色面团、巧克力色面团，再将三色面对扭成辫子状，搓成长条面团，再揪出均匀的小面团，包入芝麻馅，煮熟后，加入热牛奶，就是奶香雨花石汤圆啦。

黑芝麻汤圆：这是与传统做法相异的创意，把黑芝麻炒香后，磨成粉，与糯米粉混合在一起，做成汤圆皮，里馅分别包上红薯泥、南瓜泥，憨厚的外表，五彩的芯哦。

清爽素菜

剁椒蒸芋头

制作过程

主料：小芋头500克、剁椒80克、大蒜2瓣、姜1块。

调料：生抽20毫升、红油20毫升、香葱1根。

步骤：

1. 小芋头削去外皮，再切成滚刀块；大蒜和姜剁碎，香葱切成葱花待用。

2. 将红油倒入锅内烧热，下姜蒜末和剁椒爆香，随后倒入生抽混匀成剁椒酱。

3. 取一个深口大碗，把小芋头块放入碗内，再倒入炒过的剁椒酱，拌匀，送入上汽的蒸锅大火蒸20分钟。

4. 出锅后，撒入香葱花即可。

孔府双色蛋

制作过程

主料：鸡蛋1枚、马蹄2个、海米（干虾米）若干。

调料：番茄沙司少许、白糖少许、盐少许、姜酒适量 、油适量。

步骤：

1. 马蹄去皮剁碎，海米泡软剁碎；将蛋清、蛋黄分别打在两个碗里，蛋清中调入马蹄末，搅匀。

2. 锅里放底油，将海米加姜酒爆香，晾凉后加入蛋黄中，搅匀；分别将马蹄、蛋清液和海米、蛋黄液煎成白色和黄色两个蛋饼。

3. 锅里放少许水，倒入番茄沙司，融化后，加少许白糖和盐调味，做成酱汁。

4. 将蛋饼切片，摆好，淋上酱汁。

油浸芥菜

制作过程

✱ 主料：水东芥（大肉芥）1棵。

✱ 调料：盐少许、色拉油少许、蚝油20克、清水1小碗、水淀粉适量。

✱ 步骤：

1. 水东芥菜清洗干净，放入清水中加少许盐浸泡15分钟，再切成小片备用。

2. 锅里的水烧开，把切好的芥菜放入水中加入少许色拉油和盐焯煮3分钟，捞起码入盘中。

3. 在炒锅里倒入1小碗清水，开小火，倒入蚝油，用勺子匀开，加少许水淀粉勾个薄芡，煮开后关火，调入少许色拉油或香油，使芡汁上面有一层油光，芡汁就有光泽了。

4. 把煮好的蚝油芡汁淋到煮好的芥菜上即可。

鸡汤浸双耳

制作过程

✱ 主料：干黑木耳50克、干银耳1朵、枸杞少许、鸡汤1大碗、香葱2根。

✱ 调料：浓缩鸡汁1小勺。

✱ 步骤：

1. 干黑木耳和干银耳分别用温水泡发，去掉底蒂，洗净摘成小朵；香葱切成葱花备用。

2. 鸡汤加入浓缩鸡汁调匀备用。

3. 取深口碗，把黑木耳和银耳放入碗内，倒入鸡汤汁，把枸杞撒到木耳上，送入蒸锅蒸20分钟，出锅撒上葱花即可。

油焖春笋

制作过程

✱主料：春笋尖500克、小米椒3个、蒜蓉适量。

✱调料：盐2克、生抽10克、老抽2克、白糖5克、油10克、香油5克、高汤适量。

✱步骤：

1. 春笋剥去外层硬壳，留软嫩部分洗净后切成小段；小米椒切椒圈备用。

2. 锅烧热，放油，下蒜蓉炒香，放春笋，煸炒片刻；加入生抽、白糖、老抽和盐再继续翻炒，倒入少许高汤，大火烧沸后加盖小火焖10分钟。

3. 最后加小米椒一起将汤汁收入笋中，淋入香油即可。

酸辣手撕茄

制作过程

✱主料：长茄子1根、泡红辣椒3个、蒜蓉10克、葱末5克。

✱调料：盐2克、生抽5克、白糖3克、油8克、炒香的白芝麻少许。

✱步骤：

1. 长茄子洗净，切成均匀的段，放入上汽的蒸锅中，蒸5分钟。

2. 泡红辣椒剁碎，与蒜蓉、葱末混合。

3. 锅烧热，倒入油，下泡红辣椒、蒜蓉、葱末到锅内爆香，关火，加入盐、生抽、白糖调成酱汁。

4. 蒸好的茄子取出，凉后，用手撕成细条状，拌入酱汁，撒上白芝麻即可。

柴把鸭

制作过程

✱主料：烤鸭胸300克、豆芽100克、胡萝卜1根、青瓜1根、韭菜1小把。

✱调料：花生酱5克、香油2克、蒸鱼豉油5克、炒香白芝麻少许。

✱步骤：

1. 豆芽洗净、胡萝卜去皮切丝、青瓜洗净切丝备用；锅里烧一锅水，把豆芽、胡萝卜丝、韭菜分别焯水，取出晾凉备用；将所有调料混合成一碗酱汁备用。

2. 把烤鸭胸片成薄的鸭片，平摊，上面分别放上焯过水的豆芽、胡萝卜丝和青瓜丝，卷成鸭卷，再用韭菜扎紧，成柴把鸭。

3. 将做好的柴把鸭放到蒸锅里蒸3分钟加热，取出蘸上酱汁即可食用。

黄豆焖田鸡

制作过程

✱主料：干黄豆300克、饲养田鸡500克。

✱调料：姜1大块、盐2克、料酒10克、生抽5克、葱花少许、油5克。

✱步骤：

1. 田鸡在购买的时候请店家帮忙宰杀，去皮斩件；干黄豆提前用温水泡发，直至变软；姜切成姜末，田鸡加入盐、料酒、生抽，姜末腌制15分钟。

2. 锅烧热，倒油，下腌制好的田鸡到锅中快速翻炒至变色，倒入泡好的黄豆一起翻炒3分钟；取一个沙锅，把炒好的黄豆田鸡倒入锅内，加入适量的清水。

3. 大火煮开，调成中小火焖15分钟至黄豆入味软烂即可出锅，最后撒上葱花。

荷叶盐焗鸡

制作过程

* 主料：鸡大腿3个、荷叶1张。
* 调料：盐焗鸡粉1包。
* 步骤：

1. 鸡大腿洗净，在表面划上几刀，加入盐焗鸡粉拌匀，放入冰箱腌制1个晚上。

2. 荷叶泡软，剪成适合大小，将腌制好的鸡腿放在荷叶上，包好，再在外面包上一层锡纸固定。

3. 烤箱预热220摄氏度，将用锡纸包裹的鸡腿放入烤箱中焗烤20分钟即可。

牛骨髓蒸蛋

制作过程

* 主料：牛骨髓200克、鸡蛋3个。
* 调料：盐2克、料酒5克、生抽5克、蚝油3克、香油5克、姜2片、姜葱蒜末适量、小香葱2根、油5克。
* 步骤：

1. 烧一锅水，放姜和香葱煮出香气后，下牛骨髓快速焯煮30秒；用筛网把牛骨髓捞起，过凉水晾凉。

2. 取一个深口碗，鸡蛋磕入碗中并加盐，用鸡壳当量器装水，以鸡蛋和水1：1的比例打成鸡蛋液；再将鸡蛋液过滤到另一个宽口盘中；将晾凉牛骨髓切成5厘米长的段；将1/2的牛骨髓段放到过滤好的蛋液中；盖上保鲜膜，放入上汽的蒸锅中蒸15分钟。

3. 蛋蒸好后，取一个炒锅，倒入油，下姜葱蒜末爆香，倒入另外1/2的牛骨髓翻炒，调入生抽、蚝油、料酒、香油上味，倒在蒸好的蛋面上，撒上葱花装饰即可。

排骨烧薯仔

制作过程

✱主料：仔排500克、土豆仔300克、姜5片、葱1根。

✱调料：盐2克、生抽5克、老抽2克、冰糖5颗、油5克。

✱步骤：

1. 仔排洗净；烧开一锅水，把仔排放到水中焯去血沫，捞起过凉水。

2. 锅里的水倒掉，烧热锅，倒油，放姜葱爆香，下仔排到锅中翻炒至表面呈金黄色，倒入一碗水，没过仔排，加其他调料，大火煮开，加盖小火煮40分钟。

3. 煮仔排的时候，土豆仔去皮，切成两半，放到平底锅中煎至表面呈金黄色备用。

4. 40分钟后，开盖，倒入煎好的土豆，调成中火煮10分钟，用筷子扎一下土豆可以轻松扎透，最后调成大火收汁即可。

培根鳕鱼卷

制作过程

✱主料：培根10片、银鳕鱼250克、蒜蓉少许。

✱调料：盐2克、生抽3克、料酒3克、白胡椒粉少许。

✱步骤：

1. 银鳕鱼自然解冻，用刀切成5厘米长、2厘米宽的片，加入盐、生抽、料酒和白胡椒粉腌制5分钟；培根自然解冻，一切为二，平摊，取腌制好的鱼块放在培根上，卷起来，用牙签固定。

3. 平底锅不放油，烧热后，调成中小火，把做好的培根鳕鱼卷放入锅内，中小火煎透取出。

4. 在锅内煎培根鳕鱼卷剩的底油中，倒入开始腌制银鳕鱼的酱汁调料，做成酱汁淋到煎好的培根卷上即可。

蒜薹炒肉片

制作过程

主料： 猪里脊肉500克、蒜薹100克、小米椒1个。

调料： 豆豉 10克、盐2克、生抽3克、白糖2克、料酒5克、白胡椒粉5克、水淀粉适量、油10克、高度米酒10克。

步骤：

1. 猪里脊肉洗净，先切成肉片；切好的猪肉片放入碗中，加入盐、料酒、生抽、白胡椒粉、水淀粉腌制15分钟。

2. 豆豉放入小碗中，加入适量的高度米酒泡软入味。

3. 蒜薹洗净，切成适合长度的段；小米椒切成椒圈。

4. 锅烧热，倒油，下豆豉炒香，倒入肉片翻炒至变色，放少许白糖提鲜，继续炒2分钟；再加入蒜薹和小米椒圈，翻炒至断生马上出锅。

泰汁鸡球

制作过程

主料： 鸡大腿4个、柠檬1/2个。

调料： 泰式酸辣酱30克、盐2克、料酒5克、生抽5克、白胡椒粉5克。

步骤：

1. 用刀剔鸡大腿肉，剔出的鸡骨头可作它用，可以煮个高汤什么的。

2. 鸡腿肉皮朝下，用刀在鸡肉部分切成十字花刀，这样煮的时候，就会卷起来成球状；将柠檬取出果肉挤出柠檬汁。

3. 再将切了十字花刀的鸡腿肉切成大块，加入盐、料酒、生抽、白胡椒粉拌匀，倒入柠檬汁一起腌制30分钟。

4. 取平底锅，下鸡块用小火煎出鸡油，等到鸡肉表面呈金黄色，倒入泰式酸辣酱，焖煮至熟即可。

酸汤桂花鱼

制作过程

✱主料：桂花鱼1条（约500克）、泡红辣椒5个、蒜蓉5克、香葱2根、鱼香叶2张。

✱调料：盐2克、料酒5克、生抽5克、淀粉5克、白胡椒粉适量、油5克、姜末少许。

✱步骤：

1. 桂花鱼宰杀后，用刀剔出鱼肉，鱼骨斩件备用；剔出的鱼肉用刀切成细条状，加入盐、料酒、白胡椒粉、淀粉腌制10分钟；香葱切末备用。

2. 泡红辣椒剁碎，与蒜蓉、葱末混合。

3. 锅烧热，倒底油，下泡红椒末、蒜蓉、葱末炝锅，下鱼骨稍煎，倒入一大碗清水，下鱼香叶，将鱼骨熬成奶白的鱼汤，下腌制好的鱼肉，大火煮开，调入少许生抽，再次煮开即可。

芝麻烤鱼排

制作过程

✱主料：冻龙利鱼排1条（约500克）、黑芝麻适量。

✱调料：盐2克、料酒5克、白胡椒粉5克、生抽10克、蚝油3克、芝麻番茄辣酱少许、淀粉适量。

✱步骤：

1. 冻龙利鱼解冻，放在垫了锡纸的烤盘上，加盐、料酒、白胡椒粉、生抽、蚝油腌制30分钟。

2. 在腌制好的龙利鱼上擦上少许淀粉；再撒上黑芝麻。

3. 烤箱预热200摄氏度，将鱼排送入烤箱烤制15分钟。

4. 出锅后将鱼排切成适合的大小，淋上芝麻番茄辣酱即可。

金玉蚝豉排骨汤

制作过程

✱主料：沙骨500克、蚝豉50克、鲜玉米500克、芋头1/2个。

✱调料：盐2克、料酒20克、生抽10克、白胡椒粉适量、油5克。

✱步骤：

1. 沙骨洗净，斩成适合大小的块，加入盐、10克料酒、生抽腌制20分钟；蚝豉洗净表面的灰尘，加入10克料酒浸泡至软。

2. 锅里放少许油，把腌制好的沙骨和蚝豉倒入锅里煎至表面呈金黄色，倒入一大碗水，大火煮开，煮10分钟后，移至煲汤沙锅继续小火煲煮1小时。

3. 鲜玉米洗净，切成大段；芋头去皮，切成大块。

4. 1小时后，加入玉米段和芋头块，煮10分钟成熟即可。

乳鸽炖木瓜

制作过程

✱主料：乳鸽1只、木瓜1个。

✱调料：盐适量、高度米酒少许、姜片适量、生抽适量、白胡椒粉少许、冰糖适量。

✱步骤：

1. 乳鸽请店家帮忙宰杀，洗净后斩件，加入盐、高度米酒、姜片、生抽、白胡椒粉腌制30分钟。

2. 木瓜削皮，去籽，切成大块。

3. 取炖盅，放入适量的乳鸽肉和木瓜，倒入适量清水，每个炖盅放1颗冰糖，盖上盅盖，送入上汽的蒸锅，慢火蒸炖2个小时即可。

第四章

寒食

义士丹心，禁火传承

寒食节的源头，应该起源于远古时期人类对火的崇拜，各家所祀之火，每年要止熄一次，然后再重新燃起新火，称为改火。改火时，要举行隆重的祭祖活动，相沿成俗，便形成了后来的禁火节。

禁火节后来转化为寒食节，是纪念春秋时期晋国的名臣义士介子推。传说晋文公流亡期间，介子推曾经割股为他充饥。晋文公归国为君后，分封群臣时却忘记了介子推。介子推不愿夸功争宠，于是携老母隐居于绵山。后来晋文公亲自到绵山恭请介子推，介子推不愿为官，躲藏山里。晋文公手下放火焚山，原意是想逼介子推露面，结果介子推抱着母亲被烧死在一棵大树下。为了纪念这位忠臣义士，便在介子推死难之日不生火做饭，要吃冷食，称为寒食节。寒食节活动由纪念介之推禁烟寒食为主，其中蕴含的忠孝、廉洁的理念，完全符合中国古代国家需要忠诚，家庭需要孝道的传统道德核心。

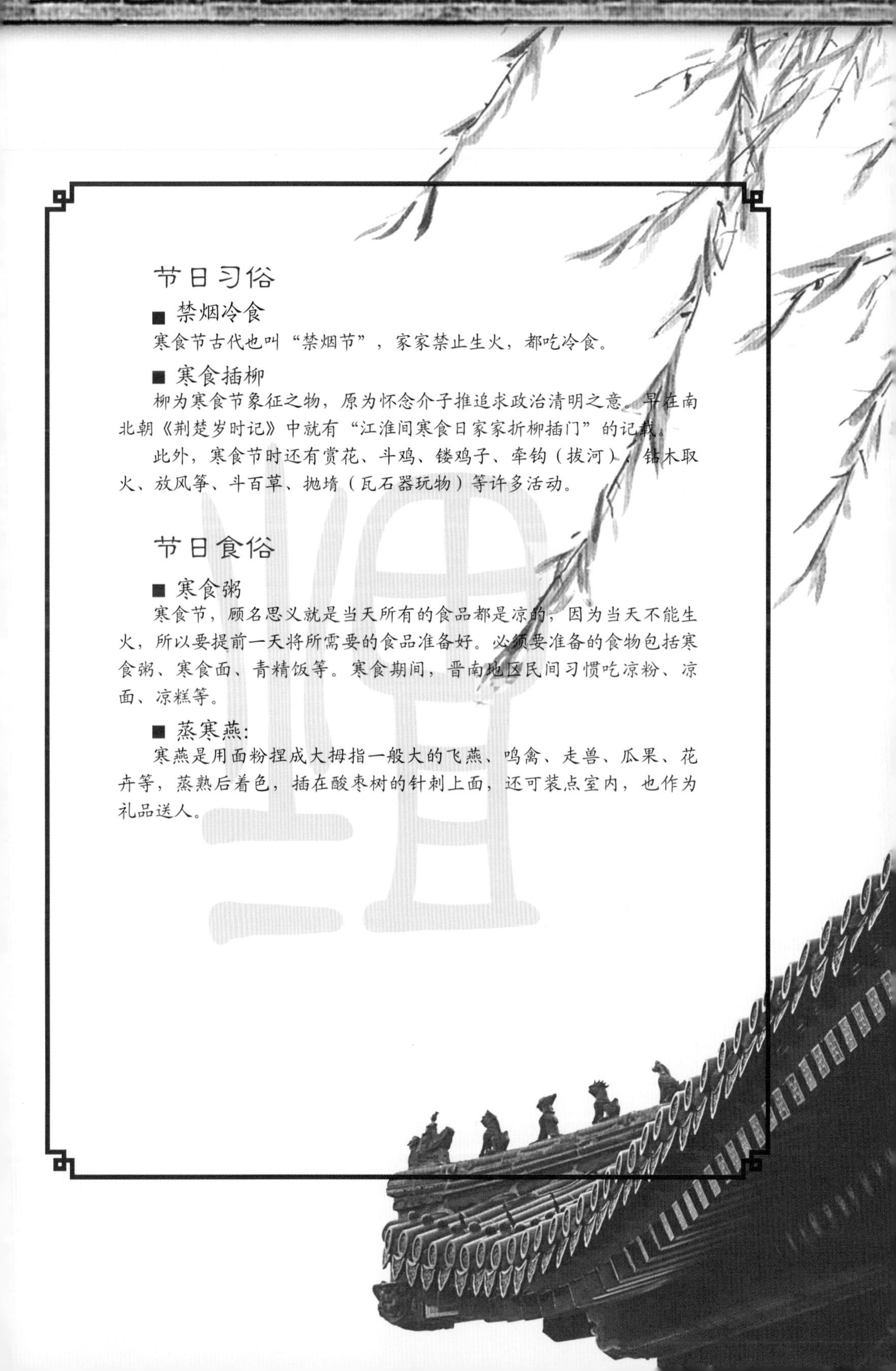

节日习俗

■ 禁烟冷食

寒食节古代也叫“禁烟节”，家家禁止生火，都吃冷食。

■ 寒食插柳

柳为寒食节象征之物，原为怀念介子推追求政治清明之意。早在南北朝《荆楚岁时记》中就有“江淮间寒食日家家折柳插门”的记载。

此外，寒食节时还有赏花、斗鸡、镂鸡子、牵钩（拔河）、钻木取火、放风筝、斗百草、抛堶（瓦石器玩物）等许多活动。

节日食俗

■ 寒食粥

寒食节，顾名思义就是当天所有的食品都是凉的，因为当天不能生火，所以要提前一天将所需要的食品准备好。必须要准备的食物包括寒食粥、寒食面、青精饭等。寒食期间，晋南地区民间习惯吃凉粉、凉面、凉糕等。

■ 蒸寒燕：

寒燕是用面粉捏成大拇指一般大的飞燕、鸣禽、走兽、瓜果、花卉等，蒸熟后着色，插在酸枣树的针刺上面，还可装点室内，也作为礼品送人。

寒食粥

主料：粳米100克、小麦50克、荞麦50克、干桃花10克。

步骤：

1. 粳米、小麦、荞麦混合在一起，洗净后，加清水浸泡8个小时。

2. 干桃花用温水泡开。

3. 取一个汤锅，把粳米、小麦、荞麦一起倒入锅内，加入适量清水，大火煮开，转成小火炖煮1个小时，加入桃花，关火，放凉即可。也可根据自己喜好加入盐或糖食用。

创意无限

蒸寒燕：面粉加水揉成团，再捏成大拇指一般大的飞燕、鸣禽、走兽、瓜果、花卉等，蒸熟后着色，插在酸枣树的针刺上面，还可装点室内，也可作为礼品送人。

青精饭：初夏采乌饭树叶洗净，舂烂加少许水与米一起浸泡，待米呈墨绿色捞出略晾；再将青汁入锅煮沸，投米下锅煮饭，熟后饭色青绿，气味清香。

戏戏小语

寒食粥是寒食节比较有代表意义的一道饮食，经查，寒食粥并没有一定的指定食材，按字面理解应该为一碗五谷粗粮粥，根据自己的喜好来选择五谷煮粥就可以了，但桃花是必不可少的。

能够采摘到新鲜的桃花入粥自然最好，用干花替代也是可以的。

华丽凉菜

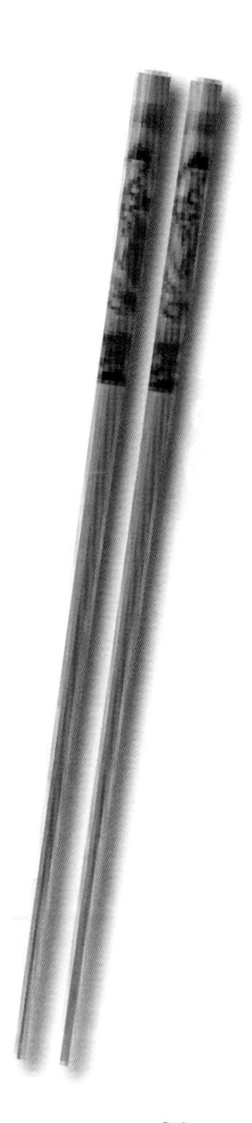

第五章

雨落相思，酒洒灵塚

清明，每年的阳历四月四日或五日，是中国的二十四节气之一。这时冬天已去，春意盎然，天气清朗，四野明净，所以称此时期为“清明”。

民间相传清明节是大禹治水后，人们就用“清明”之语庆贺水患已除，天下太平。的确，人间四月天，春暖花开，万物复苏，天清地明，大自然处处显示出勃勃生机，用“清明”称这个时期，是再恰当不过的一个词。

节日习俗

■ 扫墓

按照旧的习俗，扫墓时，人们要携带酒食果品、纸钱等物品到墓地，将食物供祭在亲人墓前，再将纸钱焚化，为坟墓培上新土，折几枝嫩绿的新枝插在坟上，然后叩头行礼祭拜。

■ 插柳

据说，插柳的风俗，也是为了纪念"教民稼穑"的农事祖师神农氏的。有的地方，人们把柳枝插在屋檐下，以预报天气，古谚有"柳条青，雨蒙蒙；柳条干，晴了天"的说法。

■ 清明节植树

清明前后，春阳照临，春雨飞洒，种植树苗成活率高，成长快。因此，自古以来，我国就有清明植树的习惯。

■ 放风筝

放风筝也是清明时节人们所喜爱的活动。每逢清明时节，人们不仅白天放，夜间也放。夜里在风筝下或风稳拉线上挂上一串串彩色的小灯笼，称为"神灯"。人们把风筝放上蓝天后，便剪断牵线，任凭清风把它们送往天涯海角，据说这样能除病消灾，给自己带来好运。

节日食俗

■ 青团、糍粑

青团是江南人的一种清明小吃，是用艾草的汁与糯米粉一起调和，将豆沙馅、芝麻馅等馅料包入，做成一个个如小孩子拳头大小的绿色的团子。广东人也将其直接叫做"艾糍"。绿色的，松软的皮儿，不甜不腻，带有清淡却悠长的青草香气。

青团

制作过程

✱ 主料：糯米粉300克、粘米粉100克、澄粉60克、艾草粉10克、水450克、豆沙馅300克、色拉油少许。

✱ 调料：白糖60克。

✱ 步骤：

1. 将糯米粉、粘米粉、澄粉混合到盘中，拌匀，最好用筛子过滤，这样过滤之后做出来的团子更加细腻；艾草粉用少量水化开。

2. 取一个锅，倒入清水，煮沸，倒到糯米粉上，用筷子快速划成雪花状。

3. 稍凉后，加入艾草汁，用手把糯米粉揉成一个光滑的墨绿色面团。

4. 手上擦上少许色拉油，取适量的面团，捏成小碗状，放入适量的豆沙馅，慢慢收口，做成一个个如小孩子拳头大小的绿色团子，也可以用保鲜膜包裹团子，做成小包袱状。

5. 将做好的青团入蒸锅蒸制15分钟即可。

戏戏小语

传统的青团是要用艾草经过又蒸又煮又磨的工序取其汁，与糯米粉一起调和做成面团，但现在方便多了，有做好的艾草粉，只要将艾草粉化开，与糯米粉混合就可以了。

青团的馅料可以根据自己的喜好选择豆沙馅或者芝麻馅等馅料，做成小孩子拳头大小的绿色的团子就可以了，正好一口一个。

糯米粉和粘米粉按3：1的量刚好，加入适量的澄粉会让青团的口感更富弹性。

清爽素菜

姜汁莴苣

制作过程

* 主料：莴苣1根、姜1大块。
* 调料：盐3克、白糖3克。
* 步骤：

1. 锅里放水，烧开；在煮水的过程中，将莴苣去皮，改刀切块。

2. 待锅中水煮开，倒入切好的莴苣，加少许盐一同煮，这样可使莴苣的色泽更好。

3. 煮2分钟后，将莴苣倒入滤筛，用加冰的纯净水浸泡2分钟，摆入盘中。

4. 姜去皮，用擦丝器擦成姜末，取一个小碗，把姜末放碗内，冲入少许开水，加盐、白糖搅拌均匀，最后将姜汁淋到莴苣上即可。

凉拌马齿苋

制作过程

* 主料：马齿苋300克。
* 调料：盐2克、陈醋10克、酱油5克、柠檬1/4个、橄榄油5克、鱼露3克、白糖5克、小米椒1个、蒜蓉适量。
* 步骤：

1. 将马齿苋用流动的水洗净后，再用清水浸泡一小时，可以在水中加入适量盐令野菜中的虫子爬出来。

2. 沥干水，放入碗中，把所有调料调成一碗调味汁，淋上拌匀就可以啦！

菜脯煎蛋

制作过程

✳主料：农家菜脯50克、鸡蛋3个。

✳调料：油10克。

✳步骤：

1. 菜脯烹饪之前最好先洗净表面灰尘，再用清水浸泡30分钟以去除多余盐分；将菜脯捞起，用刀切成小丁，鸡蛋打散备用。

2. 锅里放少许油，将菜脯丁放到锅内炒香。

3. 炒香的菜脯丁放到打散的鸡蛋液中，拌匀。

4. 锅烧热，倒油，烧至起烟时，倒入菜脯鸡蛋，两面煎熟即可。

橘皮茶香排骨

制作过程

✳主料：排骨500克、茶叶20克、片糖1块、蜂蜜1汤匙。

✳调料：橘皮2片、大葱白1根、八角2个、姜酒适量。

✳步骤：

1. 排骨斩成6厘米长的段，洗净，放入锅中用开水焯煮后捞出，茶叶冲泡出茶水备用；将排骨放入煮锅中，倒入泡茶叶的水，再加大葱白段、八角、姜酒，大火烧开后，小火炖煮30分钟，捞出沥干汤汁，晾凉备用。

2. 蜂蜜加入凉开水搅拌调成蜂蜜水；取一张锡纸，铺在炒锅底；片糖敲碎，倒在锡纸上；将泡软的茶叶撒在片糖上；橘皮切丝，放在茶叶上；在晾凉的排骨表面刷上一层蜂蜜水。

3. 将刷了蜂蜜水的排骨摆放在蒸架上，每块小排间留一点空隙，再将蒸架置于炒锅内，盖上锅盖。

4. 大火加热，用冒出的茶香烟熏烤排骨，5分钟即可。

陈皮牛肉

制作过程

主料： 牛里脊肉500克、新鲜陈皮50克。

调料：

A:八角1个、桂皮适量、丁香适量、香叶适量、干陈皮少许、干辣椒2只、生姜1大块、香葱3根、蒜瓣3瓣、盐3克。

B:油5克、蒜蓉适量、小米椒适量、白糖少许、生抽少许、黄酒适量。

步骤：

1. 锅里烧开水，加入调料A煮出香气，将牛肉放入锅内煮30分钟左右，用筷子能够轻松扎穿，捞出沥干水；用一张锡纸将煮好的牛肉包紧，入冰箱冰镇一个晚上定型。

2. 取出牛肉，切成均匀大小的丁，新鲜陈皮去掉白色内膜后将橘黄色部分切成细末。

4. 锅烧热，倒入油，下蒜蓉、小米椒爆香，加入白糖、生抽、黄酒和一小碗水，熬成酱汁，放入牛肉丁翻炒，使肉上包裹一层厚厚的酱汁，加入陈皮末提香即可。

虎皮杭椒酿肉

制作过程

主料： 杭椒4只、肉馅100克。

调料：

A：料酒1小匙、姜末、盐少许、水淀粉适量。

B：红烧酱油1大勺、油5克。

步骤：

1. 肉馅加调料A搅打入味。

2. 杭椒去蒂芯，切成两段，把调好味的肉馅填入椒段内。

3. 平底锅倒油，把杭椒放入锅内，用小火煎至起虎皮。

4. 倒入1勺红烧酱油和两勺水，中小火焖10分钟出锅。

鸡蓉青瓜卷

制作过程

✲ 主料：青瓜1根、鸡腿肉100克、鸡蛋1个。

✲ 调料：盐2克、油3克、料酒3克、白胡椒粉
量、水淀粉少许、色拉油适量、黑椒粉少许。

✲ 步骤：

1. 青瓜洗净，切掉头尾，取中间一段，用
皮刀削成薄片备用。

2. 鸡蛋磕开，分离出蛋黄和蛋清。

3. 鸡腿肉用刀剁碎，加入油、盐、料酒、白
椒粉、鸡蛋清、水淀粉等搅打成鸡肉蓉。

4. 取一张青瓜片，上面放适量的鸡肉蓉，
成小卷儿，整齐摆入盘中，上面刷一层色拉油
撒一层黑椒粉，用保鲜膜封好，入微波炉调成
高火热5分钟即可。

腐乳苦瓜烧排

制作过程

✲ 主料：苦瓜1根、排骨500克。

✲ 调料：南乳2块、冰糖10颗、盐2克、生抽
5毫升、八角1个、花椒数粒、姜片1块、料酒少
许、油适量。

✲ 步骤：

1. 排骨斩件，焯水，过凉备用。

2. 锅里放油，下冰糖炒成糖色，锅内起
时调小火，把沥干水的排骨放入锅内翻炒到上
色，倒入开水没过排骨为准，依次加入南乳、
角、花椒、姜片、盐、生抽、料酒，大火烧开，
盖锅用小火烧半个小时。

3. 烧制排骨的时候，把苦瓜切成苦瓜
子，去瓤备用；排骨烧好后，倒入苦瓜圈，开大
火翻炒，并收汁。

4. 收汁时注意用锅铲翻炒，以免粘锅影
味道，试试苦瓜，如果觉得苦，可适当调些白
调味，喜欢吃辣的，自选辣椒搭配，摆盘上桌。

柠香烤翅

制作过程

主料： 鸡中翅500克、柠檬1个。

调料： 新奥尔良调料50克、蜂蜜1汤匙、盐1茶匙、生抽1茶匙。

步骤：

1. 鸡中翅加入新奥尔良调料与水（三者的比例最好为100：10：7），还要加少许盐和生抽味道会更好。

2. 1/2个柠檬切片，放到鸡中翅中，放入冰箱冷藏腌制12小时。

3. 烤箱预热200摄氏度。

4. 将腌制好的鸡中翅整齐摆放到烤架上，刷上一层蜂蜜，送入预热好的烤箱中，开热风循环，烤30分钟，中途可多次取出刷蜂蜜。

5. 剩下的1/2个柠檬，在食用时再挤汁淋于鸡翅上即可。

酸笋炒猪肚

制作过程

主料： 酸笋100克、煮好的猪肚500克。

调料： 盐5克、油5克、生抽5克、白糖5克、老抽5克、蒜蓉10克、指天椒5~6个。

步骤：

1. 小心将酸笋取出，洗净，切片；煮好的猪肚切成条，指天椒切成末。

2. 锅里放油，把蒜蓉、指天椒下锅爆香，倒入酸笋加盐炒出香味。

3. 再倒入猪肚，翻炒，加入生抽、老抽和白糖，小火焖两分钟。

4. 大火翻匀即可快速出锅。

椒盐龙利鱼

制作过程

✳ 主料：龙利鱼 2 条（约 500 克）。

✳ 调料：香葱 1 根、盐 2 克、姜 2 片、白胡椒粉 5 克、料酒 5 克、干淀粉少许、生抽 5 克、椒盐适量、油 10 克。

✳ 步骤：

1. 龙利鱼加入盐、姜片、白胡椒粉、料酒腌制10分钟。

2. 香葱切成葱花备用。

3. 锅烧热，倒油，龙利鱼用厨房吸油纸吸干水分后，沾上少许干淀粉，下到锅中煎至金黄，倒入生抽，小火焖2分钟，撒上椒盐和葱花即可。

油爆小河虾

制作过程

✳ 主料：小河虾500克、姜10克、香葱2根。

✳ 调料：生抽20克、白糖10克、绍兴黄酒10克、盐2克、油20克。

✳ 步骤：

1. 小河虾剪去虾须和虾脚，清洗干净沥干水分；香葱的葱白切成葱末，葱绿部分切成葱花，姜切成细丝备用。

2. 锅烧热倒油，油热后放入小河虾，快速炸至通红透明，再捞出沥干油分。

3. 锅中留底油，再次烧热后，放入姜丝和葱末爆香，放入小河虾，加入生抽、白糖、盐快速爆炒均匀；最后淋上一勺绍兴黄酒，撒入香葱花即可。

制作过程

✱主料：冬瓜500克、老鸡1/2只、胡萝卜1根。

✱调料：盐2克、高度米酒10克、生抽5克、姜5片、油5克。

✱步骤：

1. 老鸡洗净，斩件备用。

2. 锅里放底油，倒入鸡块翻炒至表面呈金黄色，加盐、姜片和生抽，再洒少量高度米酒，倒入一大碗水，大火煮开，煮约10分钟成奶白色汤水，移至汤锅，转小火慢煲1小时。

3. 冬瓜削皮，去瓤，切成大块，胡萝卜去皮也切成相应大小。

4. 1个小时后，把冬瓜和胡萝卜放入汤中，煮10分钟即可。

制作过程

✱主料：明虾200克、荠菜500克、豆腐300克、高汤1000毫升、枸杞1小把 。

✱调料：盐2克、料酒10克、姜3片、白胡椒粉10克、水淀粉适量、香油少许。

✱步骤：

1. 明虾去头去壳，挑去虾线，加盐、料酒、姜片、白胡椒粉腌制15分钟。

2. 荠菜洗净，切成细段。

3. 豆腐切成小丁。

4. 把高汤倒入锅中，大火煮开，下腌制好的虾仁，煮至变色，下荠菜和豆腐，煮开后，调成小火，撒入枸杞，用水淀粉勾芡，做成羹汤，出锅后淋入少许香油味道更好。

香粽龙舟，雄黄烈酒

端午节为每年农历五月初五，又称端阳节、五月节、端五、夏节。端午节是我国汉族人民的传统节日，关于端午节的由来，有多个说法，流传最广的还是纪念屈原的说法。

此说最早出自南朝梁代吴均《续齐谐记》和南朝宗懔《荆楚岁时记》。据说，屈原投汨罗江后，当地百姓闻讯马上划船捞救，一直行至洞庭湖，始终不见屈原的尸体。那时，恰逢雨天，湖面上的小舟一起汇集在岸边的亭子旁。当人们得知是为了打捞贤臣屈大夫时，再次冒雨出动，争相划进茫茫的洞庭湖。为了寄托哀思，人们荡舟江河之上，此后才逐渐发展成为龙舟竞赛。百姓们担心江河里的鱼虾糟蹋屈原的尸体，就纷纷回家拿来米团投入江中，后来就形成了吃粽子的习俗。

节日习俗

■ 戴香包

香包又叫香袋、香囊、荷包等，有用五色丝线缠成的，有用碎布缝成的，内装香料（用中草药白芷、川芎、芩草、排草、山柰、甘松、藁本等制成），佩在胸前，香气扑鼻。

■ 禳解、祛除及避五毒

夏季天气燥热，人易生病，瘟疫也易流行；加上蛇虫繁殖，易咬伤人，所以要十分小心，这才形成此习惯。种种节日习俗，如采药，以雄黄酒洒墙壁门窗，饮蒲酒等。

■ 挂艾草、菖蒲、榕枝

通常将艾草、菖蒲、榕枝用红纸绑成一束，然后插或悬在门上辟邪。因为菖蒲为天中五瑞之首，象征驱除不祥的宝剑，也被称为“蒲剑”，可以斩千邪；艾草代表招百福，是一种可以治病的药草，插在门口，可使身体健康。

■ 龙舟竞渡

“龙舟一词”，最早见于先秦古书《穆天子传》卷五：“天子乘鸟舟、龙舟浮于大沼。”龙船一般是狭长、细窄，船头饰以龙头，船尾饰以龙尾，一般以木雕成，加以彩绘，龙尾多用整木雕，上刻鳞甲，如真龙出水。每到端午节，各地民众都有划龙舟争上游的风俗，认为可除邪祟，现代人逐渐将划龙舟也发展成一种水上竞技运动，不少外国朋友也参与到这项传统活动中。

■ 吃五黄

江浙一带有端午节吃“五黄”的习俗。五黄指黄瓜、黄鳝、黄鱼、咸鸭蛋黄、雄黄酒。此外浙江北部一带端午节还吃豆腐。

鲜肉绿豆粽子

制作过程

主料： 粽叶若干张、五花肉200克、糯米500克、去皮绿豆300克。

调料： 盐适量、五香粉少许、生抽适量、蚝油适量。

其他： 棉线1把。

步骤：

1. 提前把糯米和去皮绿豆淘洗干净，放在水中浸泡3个小时以上，滤干备用；五花肉切成小块，加入生抽、蚝油、盐、五香粉腌制1小时入味；粽叶擦洗干净放入水中，开火稍煮，以加强粽叶的柔韧性。

2. 糯米泡好后，取1~2片粽叶，顺向放在手心，将粽叶旋转成漏斗形；往漏斗中加入1/2体积的糯米，再依次放上五花肉、绿豆，然后再放1/2体积的糯米，压实，包紧，做成三角形的形状，再用棉线扎紧。

3. 重复第2步，将剩下的糯米包成粽子备用。

4. 锅中以粽叶垫底，放入粽子，加入清水没过粽子，大火煮开后转小火煮3~4个小时即可。

创意无限

香橙牛肉粽：原料还是以糯米为主，做法类似，就是将五花肉换成牛肉，将绿豆换成香橙即可。

鱼香荷叶粽：做法类似，五花肉用鱼香料腌制，把粽叶换成荷叶，有淡淡的荷叶清香，更加适合夏天食用，而且干荷叶随时可以买到，相比粽叶更没有季节限制。

八宝粽子：八宝粽子相对就更加简单了，将八宝粥的原料混合浸泡3~5小时，还可以用蜂蜜水来浸泡，再用粽叶包成各种不同形状，入锅煮熟，做出来的粽子甜甜的非常好吃。

清爽素菜

奶油西兰花

制作过程

主料：西兰花1大朵、奶油50克、牛奶50克。

调料：盐5克、黄油10克。

步骤：

1. 西兰花摘成小朵，用流动的水冲洗干净，再用清水泡半小时。

2. 烧开一锅水，把西兰花倒锅里焯一焯水，加一点盐和黄油，能保持西兰花的青翠。

3. 焯大概2分钟后，捞出，过凉水，沥干。

4. 锅里放入黄油，融化后，倒入奶油、牛奶煮开，最后倒入西兰花，翻匀，使每朵西兰花都包裹上奶油汁，出锅前再加少许盐调味即可。

南瓜花酿

制作过程

主料：南瓜花30朵、肉末200克、虾干10克、姜末少许、葱末少许、干淀粉适量。

调料：生抽5克、油10克、料酒1小匙、盐少许、白胡椒粉少许、水淀粉适量。

步骤：

1 .肉末加入生抽、料酒、盐、白胡椒粉、水淀粉等拌匀，用筷子顺一个方向搅打成肉胶，腌制15分钟；虾干用温水泡软再剁碎，放入肉胶中，加入姜末、葱末拌匀。

2. 去掉南瓜花中间的花蕊和底部带茸毛的花托，并洗净滤干备用；再把肉馅填入南瓜花中，填八分满，用花边折回封口，成一个倒置的“小金钟”。

3. 平底锅烧热倒油，小金钟的封口处粘上干淀粉，放入锅中开小火慢慢煎透即可。

滑蛋牛肉

制作过程

主料： 嫩牛肉300克、鸡蛋3个。

调料： 盐2克、料酒5克、生抽5克、蚝油5克、油20毫升、淀粉10克、香葱适量、蒜蓉少许。

步骤：

1. 牛肉按横纹来切成薄片；切好的牛肉放入调理盒中。

2. 香葱切碎，放在牛肉上，加入盐、料酒、生抽、蚝油、蒜蓉和淀粉拌匀，腌制10分钟。

3. 鸡蛋打入深口碗中；然后用手工打蛋器打成蛋液备用。

4. 锅烧热，倒入15毫升的油，至起烟，倒入腌制好的牛肉，迅速滑散至变色，牛肉一变色，立即倒入打好的蛋液中，迅速把牛肉与蛋液混合，锅里倒入油，烧热，把牛肉蛋倒入油中滑炒至蛋液凝结即可。

戏戏小语

滑蛋牛肉这道菜蛋是万不可炒得过老的，要留着一两分的断生，以此衬托出蛋的嫩滑才足够好吃，所以这个过程要求要快，滑炒的时间不宜超过10秒，这样蛋才会滑嫩。

牛肉一定要按横纹来切，口感才会嫩。

炒鸡蛋在打蛋的过程中加入几滴高度白酒，会更香哦，记住还要打出许多泡，炒出的鸡蛋也会更香。

牛肉过油的时间一定要短，变色就马上出锅。

茄汁丸子

制作过程

✱主料：肉末（猪肉、鱼肉、牛肉皆可）500克。

✱调料：

A：蛋清1个、水淀粉少许、葱粒10克、姜末适量、料酒适量、胡椒粉适量 。

B：盐5克、油500克（实耗20克）、干淀粉适量、甜辣酱适量。

✱步骤：

1. 肉末最好自己剁，自己剁的肉比机打的肉口感要醇滑。猪肉、牛肉要挑掉肉的筋膜，先切成薄片，再切成丝，再切成肉丁，这样剁起来比较容易烂；鱼肉最好用鱼背那块肉，先要去掉鱼的大骨，顺着鱼的纹路切成薄片，（用刀背顺着纹路刮成蓉更好，但这个在家里操作不是很现实）也同样剁成肉糜。

2. 剁好的肉糜，先加入盐划打，盐是做出劲道丸子的关键，打出一些劲了，再慢慢加入配料A，一直顺一个方向划圈，直到感觉有阻力，就差不多了，大概需要一个小时左右。

3. 用手掌捏肉糜，在虎口位置挤出一个丸子。

4. 丸子挤出来后，拍上干淀粉，入锅炸透即可。炸丸子的油温不要太高，用手在油上面感觉热气，不是很烫手就下丸子，用中小火，炸透。

5. 在锅里放少许油，把甜辣酱倒入锅里炒散，加入少许水分开，倒入炸好的丸子，用小火慢慢焖透，看看浓稠度，如果太稀再用水淀粉勾个芡，令每个丸子都裹上一层浓厚的甜辣汁即可。

梅菜肉饼

制作过程

*主料：梅花肉（猪后腿肉）400克、梅菜叶2张。

*调料：姜末少许、生抽少许、料酒少许、盐少许、油适量。

*步骤：

1. 梅花肉切丁，剁碎，加入所有调料搅打上劲；梅菜用流动水冲洗表面的沙尘和盐分，再用冷水泡半小时。

2. 把梅菜切碎，与肉末一起搅拌均匀。

3. 取一个平口盘，把梅菜肉末填进去，压平，入蒸锅蒸20分钟；蒸好的肉饼晾凉后，切片。

4. 入平底锅用小火煎至两面金黄即可。

小炒卤猪利

制作过程

*主料：卤猪利(猪舌)1条、韭芯1小把。

*调料：生抽3克、白糖2克、干辣椒2个、蒜蓉5克、蚝油2克、油5克。

*步骤：

1. 卤猪利切片，韭芯切段。

2. 取一个小碗，将生抽、白糖、蒜蓉、蚝油混在一起，调成调味汁。

3. 锅里放底油，下干辣椒炝锅，将调味汁倒入锅中，炒出香味，再将卤猪利倒入，中火炒至上味，最后加韭芯煸炒即可。

制作过程

主料：五花肉100克、四季豆500克。

调料：盐5克、老抽3克、鸡精适量、干辣椒5~6个、蒜蓉适量、姜末适量。

步骤：

1. 五花肉洗净，切成手指头大小的肉丁。

2. 四季豆撕掉老丝，摘成约5厘米长的段。

3. 取一个平底盘，将四季豆放进盘子中，摊平，撒少许盐，放进微波炉中，中高火加热2分钟，取出，翻动一下，再放入微波炉加热2分钟，取出可看到四季豆变软变皱了。

4. 锅烧热，下肉丁到锅内用小火慢慢焙出猪油，下干辣椒、蒜蓉、姜末和盐炒香，倒入老抽调色，将肉丁炒成肉酱，倒入变软的四季豆翻炒均匀，适当用鸡精调味即可。

五花煸四季豆

制作过程

主料：豆角300克、虾酱20克。

调料：盐5克、高汤50克、蒜蓉5克、姜末5克、指天椒1个、油10克。

步骤：

1. 豆角洗净后摘成5厘米长的段，再用淡盐水浸泡30分钟，沥干水备用，指天椒切成椒圈。

2. 锅烧热倒油，倒入豆角翻炒至变成翠绿色，再倒入高汤，以没过豆角为准；大火煮开，调成中小火，加盖焖3~5分钟。

3. 揭开锅看到豆角已经变软，加入虾酱，快速翻炒入味，使每一根豆角上都均匀地沾上虾酱。

4. 最后放盐、蒜蓉、姜末及辣椒圈炒香即可出锅。

虾酱炒豆角

剁椒开屏鱼

制作过程

主料： 鲈鱼1条（约500克）、泡辣椒10个。

调料： 料酒5克、盐2克、油5克、蒸鱼豉油10克、蒜蓉5克、葱末5克、小米椒2个。

步骤：

1. 鲈鱼清理干净后，从鱼头方向开始，在鱼背部下刀每隔1厘米切一刀，注意鱼肚不能切断保持与鱼肉相连，一直如此切至鱼尾备用。

2. 切好的鱼，加入料酒和盐抹匀，静置10分钟；泡辣椒、小米椒用刀剁碎成剁椒，放入碗中，加入油、蒸鱼豉油，蒜蓉、葱末等调成一碗蒸鱼的酱汁。

3. 将刚才抹了盐的鲈鱼小心地摆入蒸鱼的盘中，展开成孔雀开屏状，把调好的蒸鱼酱汁淋到鱼肉上，放入蒸锅，开大火蒸5分钟。

4. 出锅后趁热撒上葱末即可。

黄金蒜烤贵妃蚌

制作过程

主料： 贵妃蚌10只。

调料： 蒜蓉50克、油10克、盐5克、蒸鱼豉油5克、蚝油10克、料酒5克、葱花适量。

步骤：

1. 用刀将贵妃蚌撬开，取蚌肉，再把里面的黑色肠子去掉，洗净，加料酒腌制5分钟备用。

2. 锅里放油烧至五成热，小火把蒜蓉焙成黄金蒜，倒入其他所有调料，做成豉酱汁。

3. 把蚌壳洗净后，将腌好的蚌肉填回蚌壳内，上面淋上豉酱汁，入预热200摄氏度的烤箱，烤10分钟即可。

苹果杏肉沙骨汤

制作过程

主料：沙骨250克、苹果1/2个、新鲜杏子3个。

调料：盐2克、料酒5克、姜1块、生抽3克、白胡椒粉少许、油5克。

步骤：

1. 沙骨加入盐、料酒、生抽、白胡椒粉腌制15分钟；锅烧热，倒油，把腌制好的沙骨下到锅中。
2. 倒入清水，大火煮开，滚5分钟呈奶白色汤水，用汤勺把表面的浮沫刮干净，这样煲出来的汤就清澈纯香了。
3. 把沙骨及汤水倒入沙锅中，调成大火再次煮开；加入姜片，调成小火熬1~5个小时。
4. 苹果去核，切成大块，杏子去核，也切成大块，同样浸盐水备用。
5. 最后把苹果和杏子倒入熬好的汤中，再煮30分钟出味即可，适当调整咸淡即可。

荔枝凤爪汤

制作过程

主料：凤爪300克、荔枝10个、红枣10颗。

调料：盐2克、料酒少许、姜2片、香葱2根。

步骤：

1. 凤爪去皮去趾甲，洗净，锅里倒水，放入凤爪，开火，小火煮开，煮3分钟。
2. 把煮过的凤爪放入冰水中浸泡5分钟，滤干水。
3. 荔枝剥去外壳；红枣用温水泡发；香葱切成葱花备用。
4. 取一个煲汤的沙锅，倒入凤爪，加盐和姜片，滴几滴料酒，小火煮开，再煮10分钟，放入荔枝、红枣，保持小火慢煮30分钟，出锅撒上葱花即可。

星桥鹊飞，织女牛郎

每年农历七月初七的七夕节是我国传统节日中最具浪漫色彩的一个节日，是中国的情人节，有着牛郎与织女的美丽传说。传说，七夕夜深人静之时，能在葡萄架或其他的瓜果架下听到牛郎织女在天上的脉脉情话。女孩们在这个充满浪漫气息的晚上，对着天空的朗朗明月，摆上时令瓜果，朝天祭拜，就可以向织女乞求智慧和巧艺，更可以求织女赐予美满姻缘，所以七月初七也被称为“乞巧节”、“女儿节”，在过去是少女们最为重视的日子。

节日习俗

■ 穿针乞巧

这是最早的乞巧方式，始于汉，流于后世。《西京杂记》说：“汉彩女常以七月七日穿七孔针于开襟楼，人具习之。”在七夕这天晚上，姑娘们之间要举行穿针乞巧比赛，礼拜七姐，仪式虔诚而隆重。

■ 拜织女

旧俗，七夕少女、少妇相约于月光下摆一张桌子，桌子上置茶、酒、水果、桂圆等祭品；斋戒一天，沐浴停当，于案前焚香礼拜。

■ 拜魁星

俗传七月七日是魁星的生日。魁星文事，想求取功名的读书人特别崇敬魁星，所以一定在七夕这天祭拜，祈求他保佑自己考运亨通。

■ 为牛庆生

儿童会在七夕之日采摘野花挂在牛角上，又叫“贺牛生日”。

节日食俗

■ 吃巧果

七夕的应节食品，以巧果最为出名。在《东京梦华录》中称之为“笑厌儿”，宋朝时，市街上已有巧果出售。手巧的女子，会将巧果捏塑出各种与七夕传说有关的花样，或像花鸟、或像瓜果，越是惟妙惟肖就越代表手巧。到了七夕的晚上，在打扫干净的庭院里，摆上巧果、莲蓬、白藕、红菱等，大家围坐在一起听风观星，很是温馨。

巧果

制作过程

* 主料：面粉 250克、酵母 2克、牛奶 125克。
* 调料：白砂糖 50克。
* 步骤：

1. 酵母放入小碗中，加入1小勺牛奶拌匀，放置一旁唤醒5分钟。
2. 取一个大盘，倒入面粉与白糖，混合拌匀。
3. 唤醒后的酵母倒入面粉中，慢慢加入牛奶，用手将面粉揉成雪花状，再反复用力揉成非常光滑的面团。
4. 光滑的面团放入大盘，盖上湿布醒发30分钟，变至原面团的两倍大。
5. 取出用力压面团，排出所有气体，再充分揉匀。
6. 充分揉匀的面团搓成长条状，用刀切成等量的小剂子。
7. 模具中撒入少许面粉，把面剂子放入模具中，印出各种不同形状的巧果坯。
8. 巧果坯出模后，放入平底锅中，慢慢烙熟就可以了。

戏戏小语

巧果的传说：相传很久以前，有一位姑娘叫小巧，牛郎和织女的凄美爱情让她十分感动，于是在每年的七夕之夜，小巧都会做一种精致的小点心，焚香供奉，希望牛郎和织女能在天上相见。当地的土地公被小巧的诚心所感动，将此事汇报到了天庭。玉帝碍于天规无法赦免牛郎织女，但是非常感谢小巧的心意，于是令月老牵线，促成小巧的美满姻缘。

七夕做饼如手指与口舌状，名曰“巧食”，妇女、儿童用五彩线缕贯“巧食”抛掷屋脊，谓让喜鹊衔去搭桥，夜渡牛郎、织女过银河相会。

又传巧果是七仙女洒的泪，给宝宝们戴上，女孩子会心灵手巧，越来越漂亮。

巧果的形状并无具体要求，按自己喜好做出独特的巧果就好。

蟹蒸蛋

制作过程

✱ 主料：蟹螯2对、鸡蛋1个。

✱ 调料：盐1克、白胡椒粉少许、料酒少许、蒸鱼豉油少许、香油少许、葱花少许。

✱ 步骤：

1. 蟹螯洗净，用钳子夹出一道缝隙，加入盐、白胡椒粉、料酒腌制10分钟；鸡蛋磕入碗内，加入清水，蛋和水的比例为1：2，打散，用筛网过滤两次备用。

2. 把腌好的蟹螯放入茶杯内，把过滤好的鸡蛋液倒入茶杯，以8分满为准，盖上保鲜膜，静置一会儿；蒸锅上汽后，把茶杯蟹蛋放入蒸锅蒸制15分钟。

3. 出锅后淋少许蒸鱼豉油和香油，撒上葱花即可。

桂花抹茶丸子

制作过程

✱ 主料：醪糟200克、糯米粉100克、抹茶粉10克、干桂花适量。

✱ 调料：白糖10克、姜3片。

✱ 步骤：

1. 把糯米粉过筛到碗中，倒入抹茶粉，加入白糖混合拌匀；在糯米抹茶粉中倒入50克开水，慢慢调匀，然后揉成一个光滑、不沾手的面团；盖上湿布，把揉好的面团醒15分钟。

2. 取适量醒好的面，双手揉搓成小丸子备用，取沙锅，倒入500毫升清水，加入姜片煮开并煮出香气；下抹茶丸子煮10分钟；加入干桂花再煮5分钟，然后倒入醪糟，煮5分钟。

3. 趁热食用，醪糟与桂花的香气让人陶醉，抹茶淡淡幽香更带来一丝清雅。

制作过程

✱ 主料：洋葱1个、荷兰豆10个、小米椒1只。

✱ 调料：盐2克、陈醋5克、生抽10克、白糖5克、香油5克。

✱ 步骤：

1. 洋葱切成细丝，荷兰豆去掉硬边，洗净之后也切成细丝备用；小米椒切成椒圈。

2. 取一只小碗，把盐、陈醋、生抽、白糖倒入，加入小米椒圈，混合拌匀成一碗调味汁。

3. 烧开一锅水，把洋葱丝和荷兰豆丝下到锅里，迅速焯煮30秒，捞出滤干，放入碗内。

4. 再淋上调味汁和香油，拌匀即可。

制作过程

✱ 主料：长形土豆2个、培根6条。

✱ 调料：盐5克、生抽5克、辣鲜露5克、现磨黑胡椒粉适量、奶油10克。

✱ 步骤：

1. 土豆去皮，放在案板上，两边各入一根筷子，每隔2毫米切一刀直至筷子处，使土豆成风琴状。

2. 风琴状土豆在表面上撒上适量盐入味；生抽、辣鲜露调成一碗酱汁。

3. 取一张锡纸，将土豆放在锡纸上，培根切成合适大小，填入土豆片中，刷上酱汁，封紧，送入预热200摄氏度的烤箱中烤制30分钟。

4. 30分钟后取出，打开锡纸，在土豆上面放上奶油，撒上现磨黑椒粉，再烤制5分钟即可。

玫瑰奶香饮

不是只有酒才能醉人，有着热带气息的香蕉，包含着阵阵阳光的味道，甜甜的东西总能讨得爱人的喜爱，醉人之意就在那淡淡的一抹红。

制作过程

✱ 主料：香蕉1根、牛奶250毫升、红玫瑰花1朵、粉玫瑰花1朵。

✱ 步骤：

将香蕉去皮，切成小段，放入食物搅拌机中，倒入鲜牛奶，搅拌20秒，再将切成细丝的红、粉玫瑰花放入搅拌机内搅拌10秒钟，倒入杯中，再在上面放上两种颜色的玫瑰花丝装饰即可。

戏戏小语

虽然大多数食谱中都提到食用玫瑰花对人体无毒无害，但切记在食用新鲜玫瑰花时，要将玫瑰花表面的灰尘洗净之后，再放入淡盐水中浸泡1小时消毒杀菌。

香蕉切段后，最好加入几滴柠檬汁以防香蕉氧化。

此款开胃饮中，加入少许朗姆酒，淡淡酒香更显醉人气息。

拔丝芝麻藕

制作过程

✱ 主料：莲藕1节、白芝麻50克、鸡蛋1个。

✱ 调料：盐2克、油300克（实耗20克）、白糖30克。

✱ 步骤：

1. 准备好食材，莲藕用削皮刀削皮，鸡蛋加入盐打散备用。

2. 莲藕切成手指粗细的藕条，放入鸡蛋液中拖蛋液，均匀沾上白芝麻，下五成热的油锅中炸至酥脆，捞出沥油，再入八成热的油锅中复炸一遍捞出。

3. 另取一口锅，倒入一小碗清水，倒入白糖，小火慢慢熬金色糖浆，把炸好的芝麻藕倒入锅中搅拌均匀，糖浆可以拉丝即可。

黑椒酱鸡串

制作过程

✱ 主料：鸡大腿3个、熟白芝麻适量。

✱ 调料：盐2克、白胡椒粉2克、黑胡椒粉2克、生抽3克、姜末少许、料酒适量、叉烧酱5克、蚝油2克、蜂蜜5克、生抽3克、纯净水少许。

✱ 其他：竹签6根。

✱ 步骤：

1. 鸡大腿去骨，把净鸡肉切成2厘米长2厘米宽的块状并加少许盐、白胡椒粉、料酒腌制10分钟；用竹签把腌好的鸡肉块串起来；平底锅放到灶上，开中小火热锅，用手轻触一下锅边有点烫手了，把肉串整齐码放到锅内。

2. 继续用中小火把肉串煎至变色，再翻面煎另一面，直至两面的表面皆为金黄色，撒一些现磨黑胡椒粉。

3. 把所有调料倒入一个碗内，加纯净水调匀，淋入煎好的鸡肉串上，稍焖1分钟即可出锅，出锅后在肉鸡串表面淋上锅里的蜜汁，再撒上熟白芝麻即可。

普罗旺斯坚果饭

制作过程

主料： 米饭150克、玫瑰花2朵、洋葱5克、松子1大匙、核桃仁30克、腰果30克、百里香少许、西兰花适量。

调料： 盐2克、橄榄油适量。

步骤：

1. 西兰花摘成小朵，焯一下水，过冷水备用。

2. 将橄榄油倒入锅中加热，放入洋葱炒香后，将松子、核桃仁、腰果等放进去一起，开小火翻炒至表面变成漂亮的金黄色。

3. 放入米饭翻炒均匀，再加入百里香、焯过水的西兰花，加入盐继续翻炒，出锅前撒入玫瑰花瓣拌匀即可。

酒香玫瑰虾

制作过程

主料： 大虾2只、肉末20克、玫瑰花1朵。

调料： 盐1克、红酒10毫升、白胡椒粉5克。

步骤：

1. 大虾从背部切一刀，挑去虾线，加入少许盐腌制10分钟；玫瑰花瓣摘下，洗净，用盐水浸泡1小时。

2. 肉末中加入盐、白胡椒粉和少许红酒，拌匀，静置10分钟。

3. 取3片玫瑰花瓣，切成细丝，加入腌制好的肉末中，拌匀成肉酱；把玫瑰肉酱填入大虾背部，尽量压实。

4. 烤箱预热220摄氏度，把玫瑰虾送入烤箱烤制15分钟，其他玫瑰花用来装盘。

玫瑰花心形奶冻

制作过程

✻主料：椰子汁250毫升、红玫瑰花1朵。

✻调料：鱼胶粉10克、白糖20克、淡奶油少许。

✻步骤：

1. 玫瑰花洗净，用盐水浸泡1小时后取玫瑰花瓣，用心形模具在花瓣上刻出心形，一部分玫瑰花瓣切丝。

2. 将鱼胶粉用少许冷水中泡软，搅拌均匀备用。

3. 锅中加适量水，加入鱼胶粉液煮至融化，取果冻模，将做好的心形玫瑰花瓣放在模具底部，倒入稍凉的透明鱼胶液，没过玫瑰花瓣就可以了，不需要太多。

4. 再在剩下的鱼胶液中加入椰子汁、白糖和少许淡奶油，搅拌均匀煮开，关火，晾凉。

5. 将稍凉的液体倒在已经凝结了的玫瑰冻上，做成各种形状的冻，再放入冰箱冷藏约2小时取出，放于玫瑰花丝上即可。

戏戏小语

甜品往往是一场盛宴的句点，心形的布丁最能勾起爱人对情感最甜蜜的回忆，吃上一口，美妙的感觉接踵而来，冰冰爽爽的感觉妙不可言。

鱼胶粉又称明胶粉、吉利丁，是一种提取自动物的蛋白质凝胶，为纯蛋白质成分，不含淀粉、脂肪，不但是低热量的健康食品，还可以为肌肤补充胶原蛋白，享受美味的同时更可以留住美丽。

布丁的发挥余地很大，可以做成各种口味的布丁，各种果汁及新鲜水果都可以应用，还可做成更浪漫的淡奶油焦糖布丁、香橙布丁等。

魂灵相伴，盂兰古意

中元节是道教的说法，道家全年的盛会分三次合称三元，以正月十五日为上元，七月十五日为中元，十月十五日为下元。

此中元节在民间也被称为“鬼节”，在中元节时，人们要宰鸡杀鸭，焚香烧纸，拜祭由地府出来的饿鬼，普度祭祀孤魂野鬼，人们相信这样可以化解其怨气，不至于为祸人间。

中元节与清明节、重阳节三节，都是中国传统节日里祭祖的三大节日，人们传承着以家为单位的祭祖习俗，在此节日怀念亲人，并对未来寄予美好的祝愿。

节日习俗

■ 祭祖

祭拜的仪式一般在七月底之前傍晚时分举行，要把先人的牌位一位一位请出来，恭恭敬敬地放到专门做祭拜用的供桌上，再在每位先人的牌位前插上香，每日晨、午、昏，供三次茶饭，直到七月三十日送回为止。

■ 放河灯

旧俗为各家用木板加五色纸，做成各色彩灯，灯中点蜡烛。做成纸船，传说可将一切亡灵超度到理想的彼岸世界。入夜，将纸船与纸灯置放河中，让其顺水漂流。按传统说法，河灯是用来给那些冤死鬼引路的。灯灭了，河灯也就完成了把冤魂引过奈何桥的任务。

节日食俗

■ 蒸全猪

人们会在农历的七月初一到七月三十日之间，择日以酒肉、糖饼、水果，甚至将整只大猪宰杀放血后，蒸成全猪（闽南语俗称神猪）等祭品举办祭祀活动，以慰在人世间游玩的众家鬼魂，并祈求自己全年的平安顺利。

■ 吃鸭子

以前，人们都是从开春时候开始养鸭子，四至五个月后，也就是中元节这段时间，正是鸭子最肥美的时候，所以中元节家家户户都吃鸭子，久而久之，也就形成了传统。

陈醋凉薯

制作过程

✱主料：凉薯1个、小米椒1个。

✱调料：陈醋5克、白糖5克。

✱步骤：

1. 凉薯去皮，切成小丁，小米椒切成细圈。

2. 烧一锅水，下凉薯入水中稍焯一焯，取出浸入冰水中降温捞入碗中。

3. 将陈醋、白糖、小米椒调成陈醋汁，倒入碗中与凉薯丁拌匀即可。

家常豆腐

制作过程

✱主料：农家豆腐10块、香菜2根。

✱调料：盐2克、桂花隐汁5克、油5克。

✱步骤：

1. 农家豆腐切成适合的大小，香菜洗净切末。

2. 锅烧热，倒入油，将豆腐块小心放入锅内煎至两面金黄。

3. 倒入桂花隐汁，调入盐，小心翻动煎好的豆腐，使其均匀入味，最后加入香菜末提香即可。

冰梅仔姜炒鸭

制作过程

主料：土鸭半只（约800克）、腌仔姜50克、腌酸梅20颗、蒜瓣10瓣、姜块少许。

调料：盐5克、生抽5克、料酒5克、辣鲜露5克、现磨黑胡椒粉适量、冰糖少许。

步骤：

1. 土鸭洗净斩件；锅烧热，不放油，下土鸭快速翻炒，直至鸭肉收缩，鸭皮变至金黄；加入姜块、倒入料酒、继续翻炒2分钟。

2. 加入盐、生抽和一碗水，放腌仔姜和腌酸梅，加盖调成小火焖10分钟左右。

3. 揭开锅盖，看到鸭子正在锅中“嗞嗞”冒油，加入辣鲜露、现磨黑胡椒粉、冰糖调味，出锅前加入蒜瓣提香即可。

菜脯五花肉煲

制作过程

主料：菜脯（萝卜干）100克、五花肉腩500克、豆豉20克、蒜瓣5瓣、小米椒2个。

调料：生抽5克、老抽2克、白糖5克、高度白酒10克。

步骤：

1. 菜脯洗净切成小丁，五花肉腩切成条状、豆豉用高度白酒浸泡备用；锅烧热，把五花肉腩放入锅内，小火慢慢煎至表面呈金黄色，并且出了一层薄油。

2. 倒入用白酒浸泡的豆豉翻炒，加入拍碎的蒜瓣和小米椒圈翻炒均匀。

3. 取一个沙锅，底部垫菜脯丁，倒入翻炒出香气的五花肉腩，再加一碗水调入生抽、老抽，大火煮开，小火煮30分钟，出锅前调入白糖即可。

荷香糯米鸡翅

制作过程

✳主料：鸡中翅500克、荷叶1张、糯米150克。

✳调料：盐3克、姜末5克、白胡椒粉2克、料酒5克、生抽5克、蚝油3克。

✳步骤：

1. 糯米提前一个晚上浸泡，滤干水备用。

2. 鸡中翅洗净，切成大块，加入盐、姜末、白胡椒粉、料酒、生抽、蚝油等腌制15分钟。

3. 荷叶剪成小张，将腌制好的鸡中翅放在底下，再倒入一勺糯米完全盖住鸡翅，用荷叶包紧，分别做成荷叶包，放在竹屉中，入蒸锅蒸40分钟。

肉末煎蛋

制作过程

✳主料：肉末100克、鸡蛋3个、香葱2根。

✳调料：盐3克、料酒5克、油5克、番茄沙司适量。

✳步骤：

1. 肉末放入碗中，加入盐、料酒拌匀，静置10分钟；香葱切成葱花；往腌好的肉末中磕入鸡蛋，加入葱花拌匀。

2. 取平底锅，擦上一层油，倒入肉末鸡蛋，转动锅子摊成薄圆饼，一面煎好了，再翻面煎另一面即可。

3. 切片摆盘，可挤些番茄沙司在蛋饼上面配合食用。

制作过程

✱主料：仔姜200克、腊肉500克、干辣椒6个、香葱1根。

✱调料：辣椒面10克、生抽10克、老抽2克。

✱步骤：

1. 腊肉洗净，用温水浸泡至软，切成薄片备用；仔姜洗净，切成细丝，干辣椒切成椒圈，香葱切成葱花备用。

2. 把腊肉放入锅内，加入少许清水，开小火慢慢等腊肉煮软，直至腊肉变得透明，开始出油；可以倒入一勺辣椒面，翻炒至香，加入生抽、老抽调味。

3. 保持小火，令腊肉煸炒出一部分的油，倒入仔姜丝和干辣椒圈，翻炒2分钟，出锅撒上葱花。

制作过程

✱主料：牛里脊肉500克、紫苏叶20克、姜1块、香葱1根、柠檬1/4个。

✱调料：盐2克、料酒5克、白胡椒粉6克、生抽10克、蚝油5克、干淀粉适量、油30克、番茄酱30克。

✱步骤：

1. 牛里脊肉洗净并切成薄片；牛肉片加入盐、料酒、白胡椒粉、干淀粉拌匀，挤入柠檬汁，腌制20分钟；紫苏叶洗净沥干，切成细丝；准备好姜末、葱末。

2. 烧开一锅水，把腌好的牛肉片下到锅内，迅速焯煮30秒，捞起放入碗内；紫苏细丝放到牛肉上，加入生抽、蚝油，并挤入番茄酱。

3. 另起锅，倒油，下姜葱末小火将油慢慢烧至起烟；把热油快速淋到紫苏牛肉上即可。

茶碗鱿筒煮

制作过程

主料：小鱿鱼20个、梅花上肉100克、干香菇5克、香葱3根、姜1大块。

调料：盐2克、香油少许、蒸鱼豉油少许、干淀粉适量、白胡椒粉5克、料酒5克。

步骤：

1. 干香菇用温水泡发；小鱿鱼处理干净；梅花上肉用刀剁碎，香菇从水中捞起切成碎丁放到肉上，加入姜末、葱末、盐、白胡椒粉、料酒、干淀粉拌匀，搅拌15分钟成肉馅。

2. 取一个鱿筒，把肉馅塞到鱿筒中，再把鱿鱼的头部也塞进去，用牙签固定；取几个茶碗，把酿了肉的鱿鱼放到碗内，放上姜丝、香葱结；再取一个碗装清水，倒入蒸鱼豉油和香油。

3. 再将调了蒸鱼豉油和香油的清水分别倒入茶碗中，水量以没过鱿筒为准，送入蒸锅隔水蒸20分钟。

泥鳅煮豆腐

制作过程

主料：泥鳅300克、水豆腐3大块、葱花适量、姜丝适量。

调料：盐5克、生抽5克、蚝油5克、油5克。

步骤：

1. 泥鳅买回用清水养几天，不断换水，直至让泥鳅吐尽泥沙；吐完泥的泥鳅宰杀处理干净。

2. 锅烧热，倒油，放盐，放豆腐快火煎成两面金黄，倒出。

3. 锅里再倒油，下姜丝爆香，调成小火，下泥鳅到锅中慢慢煎透，倒入一碗水大火煮开，煮成奶白汤色，下煎好的豆腐，加盐、生抽、蚝油，调成小火焖5分钟，最后撒上葱花即可。

营养汤煲

双豆鸭血鱼汤

制作过程

✱主料：鱼头鱼骨架1副、黄豆30克、青豆30克、鸭血1份。

✱调料：盐2克、生姜3片、料酒5克、白胡椒粉少许、油适量。

✱步骤：

1. 将鱼头鱼骨架斩成几段备用；锅里放少许油，慢火烧热，在油中加入盐，再放入鱼头鱼骨架，先放盐可以减少粘锅，记得用细火煎透一面再翻面，这样也可以减少粘锅。

2. 鱼头鱼骨架加姜片煎出香味，淋料酒，再倒入一大碗清水，大火烧开，调成中小火熬煮10分钟成奶白鱼汤。

3. 倒入提前泡发好的黄豆煮20分钟。

4. 试试黄豆已经熟了，就倒入洗干净的青豆。

5. 鸭血用刀划成小块，一起倒入锅中，大火煮开，调入盐、白胡椒粉等调味即可。

戏戏小语

想煮出奶白的鱼汤，鱼最好煎一煎，煎透后倒入清水记得用大火烧开，滚5分钟左右，奶白的颜色就呈现了。

新手煎鱼最怕粘锅，记住以下原则：第一，鱼表面要吸干水分；第二，抹一层薄薄的淀粉；第三，热锅冷油，煎鱼时一定要遵循“急火豆腐慢火鱼的原则”，尽量用小火慢煎。火候是煎鱼过程中最重要的，掌握熟练后，第二步可省略。

黄豆最好用冷水提前泡发，实在忘记了或者赶时间就用热水快速泡发吧，十几分钟就可以泡开了。

金风桂香，花好月圆

农历八月十五中秋节，是我国仅次于除夕、春节外的最重要的传统家庭节日。关于中秋节的起源也有不同的版本，嫦娥奔月是传播最广也最深入民心的，还有玉兔捣药、吴刚伐桂的故事，但远远不及嫦娥奔月的影响，因为月光太美，月亮太圆，太容易令人产生思亲的情绪了，从此中秋节便有了团圆的意义。

节日习俗

■ 赏月

赏月的风俗来源于祭月，严肃的祭祀逐渐变成了轻松的欢娱。中秋之夜，一家人围坐在一起，品月饼，吃瓜果，赏月，说说笑笑，其乐融融。

■ 拜月

在古代有“秋暮夕月”的习俗。夕月，即祭拜月神。设大香案，摆上月饼、西瓜、苹果、红枣、李子、葡萄等祭品。

■ 玩花灯

中秋花灯区别于元宵节的花灯，主要只是在家庭、儿童之间进行的。小孩子们在家长协助下用竹纸扎成兔仔、瓜果等形状，横挂在短竿中，再竖起于高杆上，高挂起来，彩光闪耀，孩子们多互相比赛，看谁竖得高，竖得多，灯彩最精巧。还有放天灯的，即孔明灯，用纸扎成大型的灯，灯下燃烛，热气上腾，使灯飞扬在空中，引人欢笑追逐。

节日食俗

■ 月饼

月饼是所有食品里最有家的味道的食品了。中秋之夜，一家人围坐在一起，品茶、尝饼、赏月的情景，使人自然而然地感受到团圆的幸福。有家的味道，就是对月饼最高的评价，所以月饼一定要越圆越好，代表着团团圆圆，按家里人口将一个月饼切作若干块，每人象征性地尝一口，名曰“吃团圆饼”。

广式莲蓉月饼

制作过程

✱ 主料：食用碱面5克、中筋面粉100克、奶粉5克、转化糖浆75克、花生油25克、蛋黄液少许。

✱ 调料：莲蓉馅800克。

✱ 步骤：

1. 食用碱面和水按1：3的比例混合化开，加入转化糖浆搅拌，再倒入花生油，搅拌混合均匀；取一个大盘，倒入碱面、中筋面粉和奶粉，再倒入少许油水，充分搅拌，揉成面团，然后包上保鲜膜静置1个小时；将蛋黄液在油里浸泡半个小时，去除腥味。

2. 面团醒好后，根据需要分隔成小份，莲蓉馅也分成相应的小份；100克的月饼，饼皮为20克，莲蓉馅加蛋黄为80克。

3. 取出一个饼皮面团，用手做小碗状，把莲蓉馅放在面团中间，把饼皮慢慢往上推，直到完全包裹莲蓉；再慢慢滚成一个圆球，在月饼模撒一点面粉，把圆球面团放进月饼模子，压出月饼花纹，月饼坯完成。

4. 把月饼坯依次放在烤盘上，在月饼表面喷点水，放进预热好200摄氏度的烤箱烤焙，烤5分钟左右，月饼花纹定型后，取出在表面刷上少许蛋黄液，再放进烤箱，饼皮均匀上色就可以了。

创意无限

冰皮豆沙月饼：糯米粉45克、粘米粉35克、澄面(小麦淀粉)20克、牛奶185克、糖粉50克、色拉油20毫升、豆沙馅适量。

做法：在盆里倒入牛奶、糖粉、色拉油搅拌均匀，倒入糯米粉、粘米粉、澄面。充分搅拌成为稀面糊，搅拌好的稀面糊送入蒸锅，大火蒸15~20分钟；蒸熟后，用筷子搅拌至顺滑，冷却就成冰皮了；把冰皮分成30克一个，豆沙馅分成40克一个；在手上拍点炒熟的糯米粉，然后将冰皮捏成小碗状，中间放上豆沙，再用冰皮把豆沙包起来，放入月饼模压出花纹即可。冰皮蒸好之后，加上少许色素，就可以制作出各种颜色的冰皮月饼。

清爽素菜

酸奶薯泥盏

制作过程

主料：红薯1个、紫薯1个、吐司面包4块、酸奶1瓶、鲜奶油适量、星星硬糖。

步骤：

1. 将红薯和紫薯去皮后，切成块状，分别装到盘子里，入蒸锅蒸15分钟左右，取出晾凉压成泥。

2. 取一块面包片，切掉四个边，然后在四个对角处切上一刀，把相邻的两个角交替叠好做成盏状，放入烤箱中烤至成型。

3. 薯泥中加入适量的鲜奶油，搅拌均匀，增加滑爽的口感。

4. 把薯泥装进裱花袋中，往面包盏中挤出花状，淋上酸奶，装饰星星硬糖即可。

鱼籽皮蛋擂辣椒

制作过程

主料：鱼籽100克、青椒1个、红椒1个、皮蛋1个、山胡椒1小把、姜葱末适量。

调料：陈醋20克、生抽10克、蚝油5克、蒜蓉少许、盐2克、红油5克、香油5克、油20克、料酒10克。

步骤：

1. 皮蛋剥去外壳备用；青椒1个、红椒分别一切为二，然后皮朝下放在明火上烤焙，直到外皮均匀地烧成黑色，再马上浸泡到冰水中，迅速将烧黑的外皮撕去，用清水冲洗干净。

2. 青、红椒切成细丝，皮蛋切成细块一起放入碗中；锅烧热倒油，下鱼籽翻炒至熟，适当加些盐、料酒调味，炒熟之后倒在皮蛋青椒上。

3. 取小碗，放入陈醋、香油、生抽、蚝油、盐、红油、姜葱末，混合成调味汁；锅再次烧热倒油，下蒜蓉、姜葱末爆香，放入山胡椒微炸，将热油快速倒入鱼籽皮蛋青椒上，拌匀即可。

川香牛蛙

制作过程

✱ 主料：牛蛙500克、香菜1把。

✱ 调料：盐2克、生抽5克、白胡椒粉3克、料酒5克、姜末10克、蒜蓉10克、葱末10克、泡辣椒5个、花椒1小把、油10克。

✱ 步骤：

1. 牛蛙请店家帮忙宰杀，去皮斩件，加入盐、生抽、白胡椒粉、料酒腌制20分钟；泡辣椒剁成辣椒末，香菜洗净切段。

2. 锅里倒入油，下花椒炸出香味，捞出花椒扔掉，下辣椒末、姜末、葱末、蒜蓉，炒出香气，倒入腌制好的牛蛙，翻炒。

3. 倒入一碗水，加盖焖10分钟左右，揭盖后，继续保持中火翻炒至收汁，最后撒上香菜炒匀。

葱香煎葵龙鱼饼

制作过程

✱ 主料：葵龙鱼1条（约300克）、猪肥膘50克、香葱1小把。

✱ 调料：盐3克、白胡椒粉5克、姜末5克、料酒5克、生抽3克、鸡粉2克、淀粉适量、油少许。

✱ 步骤：

1. 葵龙鱼用刀慢慢刮出鱼蓉，猪肥膘切成细细的丁，香葱洗净切葱花备用；将鱼蓉、肥膘丁、香葱混合，加入所有调料拌匀。

2. 取适量调好味的香葱鱼蓉，用手捏成饼状。

3. 平底锅烧热，擦一层油，用小火将鱼饼煎至金黄即可。

姜醋猪脚

制作过程

✱主料：猪脚1只（约1000克）、姜1大块。

✱调料：陈醋30克、盐2克、生抽10克、冰糖10颗、南乳汁20克。

✱步骤：

1. 猪脚用刀片刮干净表面细毛，洗净斩件；姜块切成大片备用。

2. 烧一锅水，把猪脚下到锅里，开火，大火焯煮5分钟，捞起即放进冰水中迅速降温。

3. 另取一口汤锅，把猪脚放到锅里，加入所有的调料，并投入姜片，大火煮开，调成小火煮1个小时，用筷子可轻松扎透猪脚，开大火收汁即可。

牛肉炒洋葱

制作过程

✱主料：牛肉500克、洋葱1个。

✱调料：盐2克、料酒5克、姜末3克、白胡椒粉3克、生抽5克、蚝油5克、干淀粉5克、油10克、现磨黑胡椒粉适量。

✱步骤：

1. 牛肉洗净，顺着肉的横纹切成薄片；牛肉中加入盐、料酒、姜末、白胡椒粉、生抽、蚝油拌匀，腌制15分钟；洋葱洗净切成细丝。

2. 锅烧热，倒入油，烧至冒烟，调成小火；腌好的牛肉中加入干淀粉快速拌匀，倒入热油中，牛肉变色后，马上加入洋葱丝，快速翻炒出香气即出锅。

3. 出锅后，撒上现磨的黑胡椒粉更具香味。

豌豆鸡丝

制作过程

✳主料：鸡胸300克、豌豆200克、小米椒2个、柠檬皮少许。

✳调料：盐2克、黑芝麻少许、白糖3克、生抽5克、蚝油3克、蒜蓉适量、姜末适量、油8克。

✳步骤：

1. 鸡胸洗净，放入锅中，加清水大火煮开，煮熟，晾凉后手撕成鸡丝；豌豆用刀切成细丝；柠檬皮也切成细丝；小米椒剁碎备用。

2. 刚才煮鸡胸的水不要倒掉，再次烧开，倒入豌豆丝和柠檬丝，焯煮3分钟至熟，捞出滤水后垫在盘底。

3. 锅烧热，倒油，下蒜蓉、姜末爆香，倒入撕好的鸡丝，加碎小米椒、盐、白糖、生抽、蚝油等翻炒入味，出锅倒在焯熟的豌豆丝上，撒上黑芝麻拌匀即可。

油浸鸭胗

制作过程

✳主料：鸭胗500克、香葱1根、八角2个、蒜瓣6瓣。

✳调料：盐2克、生抽20克、白糖5克、油30克、香油10克、红油10克、辣椒面少许、姜末少许、葱末少许、淀粉适量、料酒10克。

✳步骤：

1. 鸭胗切开，清除干净，并撕去黄色鸭内金，切成十字花刀片；然后加适量淀粉反复揉搓，用流动的清水清洗干净。

2. 烧一锅水，把鸭胗放入锅中，加入香葱、八角、蒜瓣和料酒，大火煮开，转小火煮8分钟，捞出滤干。

3. 另取锅，加入盐、生抽、白糖、油、香油、红油、辣椒面、姜末、葱末等调料煮开，下滤干的鸭胗，翻匀，倒入深口碗中，浸泡半天入味即可。

白灼虾

制作过程

主料： 对虾500克、香葱2根、姜5~6片、高度白酒5克。

调料： 陈皮5克、生抽5克、香油2克、泡椒1个、芥末少许（可选）。

步骤：

1. 对虾洗净，用剪刀剪去虾须、尖尖的虾枪和蓝色的虾脚。

2. 虾背上的从虾头往虾尾方向的第二个关节是虾的关键部位，平时剥虾可以在这一节下手剥要轻松很多，挑虾线也可以在这个第二节的部位划一刀，很容易就能把整条虾线取出。

3. 烧一锅水，把姜、葱、白酒、生抽、香油、陈皮、泡椒放进去煮开，煮出香味来后，倒入虾灼煮2~3分钟，取出摆盘，也可用芥末蘸食。

石锅鲈鱼

制作过程

主料： 鲈鱼1条（约500克）。

调料： 盐2克、料酒10克、白胡椒粉2克、生抽5克、蚝油5克、姜末20克、蒜蓉20克、红辣椒2个、香菜2棵、香葱2根、白菜叶2张、油5克、水淀粉适量。

步骤：

1. 石锅鲈鱼主要用到鱼肉部分，先用刀把鱼肉切成十字花刀，再切成鱼片备用；香菜、香葱都洗净切末，准备好蒜蓉，红辣椒切圈；切好的鱼片加入盐、料酒、白胡椒粉和姜末腌制5分钟，再加入生抽、蚝油、水淀粉和香葱白末，静置30分钟。

2. 烤箱预热至220摄氏度，把石锅放入烤箱内烤30分钟。

3. 把烤热的石锅小心地取出来，要记得戴上专用防烫手套，以防烫伤，在石锅底部垫上白菜叶再趁热倒入腌制入味的鲈鱼；把鲈鱼和石锅一起放进烤箱以220摄氏度再烤5分钟；5分钟后取出鲈鱼，迅速撒上香菜末、香葱末、蒜蓉、红辣椒圈等。

4. 油倒入大汤勺中，置于火上烧至起烟，迅速倒到石锅里，就着热油用筷子快速划散鱼肉，瞬间散发出香菜、香葱的味道来，即成。

菠萝蜜炖鲜陈肾

制作过程

主料：新鲜鸭肾2个、陈肾1个，菠萝蜜6苞。

调料：姜2片、料酒5克、胡椒粉少许、生抽2克。

清洗鸭肾材料：盐10克、干淀粉10克。

步骤：

1. 陈肾要提前用清水浸泡半天，去除陈肾的盐分及腊味；新鲜鸭肾切开，处理好后加入干淀粉细心搓洗，用清水冲净后再加盐搓洗一番，冲净备用。处理好的新鲜鸭肾放到案板上，用刀切直刀，再改切横刀，即十字花刀，鸭肾就变成一朵漂亮的肾球花了。

2. 肾球花加入生抽、胡椒粉、料酒腌制5分钟；浸泡好的陈肾也切成薄片备用。

3. 取一个沙锅，把腌制好的新鲜鸭肾、陈肾一起放入沙锅内，加入适量的清水，大火煮5分钟，撇去浮沫，加入姜片，改成小火炖1个小时。

4. 菠萝蜜洗净，切开，里面的核不要扔掉，可以用来煲汤；最后将菠萝蜜及核一起放入炖好的肾汤中再炖30分钟即可。

戏戏小语

陈肾即是腊鸭肾，是广东特有的食材，性温味甘，有健脾清滞的作用，广东民间常以它煲粥辅助治疗小儿、老人厌食症。用鲜、陈肾一起煲汤，鲜肾的怪味和陈肾的腊味可以相辅相成，清润且气味浓郁，具有清肺燥、润肺阴、益肺气的功效。

菠萝蜜的浓香可谓一绝，吃完后不仅口齿留芳，手上香味更是洗之不尽，余香久久不退，但是食用过多菠萝蜜会引起过敏反应，表现出皮肤潮红、瘙痒、腹痛、呕吐等症状，严重者可发生过敏性休克、出冷汗、血压下降等，所以，最好用盐水浸泡后再食用。另外，菠萝蜜和蜂蜜不要同食，会引起胀气。

鲜莲红枣水鸭汤

制作过程

主料： 水鸭半只、新鲜莲子100克、红枣50克。

调料： 盐5克、烧酒5克、姜1大块、香葱2根、白胡椒粉少许、油少许。

步骤：

1. 水鸭彻底清洗干净切成大块备用；姜拍碎，葱切段。

2. 锅烧热，在锅表面擦少许油，下鸭块用小火煎至表面呈金黄色，趁出油之际放入拍碎的姜块，并倒入烧酒，此时会升起一阵酒香，并且有可能在锅面点着了明火，不用害怕，要的就是这种效果，继续翻炒片刻，倒入一大碗清水，大火煮开，煮成奶白汤色；将已经煮成奶白汤色的鸭子汤移至沙锅，加入香葱段，用小火炖1个小时。

3. 长时间炖煮的鸭汤，汤面上会积上厚厚一层鸭油，需要用汤勺撇干净这层鸭油，撇出的鸭油用来炒青菜也很好；处理好莲子，用刀在莲壳上切一个圈，顺着切痕，很容易就能将莲子从莲壳中取出。

4. 在炖好的鸭汤中倒入处理好的莲子；再倒入清洗干净的红枣，大火煮开，再调成小火炖30分钟，调入盐和白胡椒粉即可。

戏戏小语

清洗鸭子的时候，必须将鸭子腹腔里的血块、筋膜彻底清除，而且要将鸭子翅膀、腿根部位的零星鸭毛拔除干净，这是保证鸭汤不腥的前提。

鸭子炖汤之前，要先下锅煎掉鸭皮内层的肥油，这也是给鸭汤提香的前提，为防止鸭皮粘锅，可以在锅表面擦少许油。

莲子具有很好的补血作用，是大自然在夏秋之季赋予女人最好的天然的补血养生佳品。如果买不到新鲜莲子，也可以用干莲子泡发后煮汤。

第十章

重阳

黄花紫菊，携友登高

九月九日重阳节。重阳节早在战国时期就已经形成，在中国的民俗观念中，因为九九重阳与“久久”同音，包含有生命长久、健康长寿的寓意，20世纪80年代开始，我国开始把农历九月初九定为老人节，倡导全社会树立尊老、敬老、爱老、助老的风气。

节日习俗

■ 登高

重阳最重要的节日活动之一，即登高，故重阳节又被称为“登高节”。 金秋九月，天高气爽，这个季节登高远望可达到心旷神怡、健身祛病的目的。

■ 赏菊

我国是菊花的故乡，自古培种菊花就很普遍。菊是长寿之花，又被文人赞美为凌霜不屈的象征，而菊花多在重阳时分盛放，菊与重阳渊源非常深，因此，在重阳赏菊也就成了重阳节的重要习俗。

■ 佩茱萸·簪菊花

重阳节有佩茱萸的风俗，因此又被称为“茱萸节”。茱萸是一种可以做中药的果实。古人认为佩戴茱萸，可以辟邪去灾。

节日食俗

■ 饮菊酒

重阳节赏菊自然要品菊，在汉代，就已有了菊花酒，采九月九时的菊花小蕾，以醪糟酿之，至来年九月九日始熟，就可以饮用了， “酒能祛百病，菊能制颓龄”，重阳节饮菊花酒逐渐成了民间重阳节时最重要的一种食俗。

■ 重阳糕

与登高相联系的有吃重阳糕，重阳糕又称花糕、菊糕、五色糕，制无定法，但必须做成九层，像座宝塔，取糕与高谐音，取步步登高的吉祥之意，作为节日食品，来庆祝秋粮丰收、喜尝新粮的用意。

菊花重阳酒

制作过程

✻主料：醪糟（甜酒）500克、新鲜菊花1朵、枸杞子1小把。

✻调料：冰糖30颗、盐少许。

✻步骤：

1. 取一个可以密封的容器用来泡酒，容器要提前用沸水消毒浸泡10分钟，捞出后自然晾干。

2. 新鲜菊花洗净表面灰尘，放入碗中，加适量盐，再冲入适量纯净水浸泡1个小时，取出放通风处晾干，摘花瓣备用。

3. 在泡酒容器中放入冰糖、枸杞和菊花瓣，再倒入醪糟，加盖密封，放阴凉处浸泡2~3天即可饮用，也可以浸泡更长时间，浸泡一年以上味道和疗效更好。

戏戏小语

重阳前后，菊花怒放；赏菊饮酒，华夏习俗。菊花乃高洁之灵秀，入酒自然雅风绵延，所以，重阳酒即为“菊花酒”，我国自古就有饮菊花酒的传统习俗，菊花酒，在古代被看做是重阳必饮、祛灾祈福的“吉祥酒”。

用新鲜的菊花泡酒，每到佳节时，老人孩子都能喝一点，其乐融融。

泡重阳酒，最好取菊花花骨朵儿已成欲开放时，这就是制作“重阳酒”的上好的材料；所用的原酒，用醪糟（甜酒）便可，醪糟为糯米加酒曲天然发酵，极具营养价值。

清爽素菜

凉拌秋葵

制作过程

主料：秋葵250克、蒜蓉10克、指天椒2个。

调料：盐2克、油5克、辣椒面3克、生抽5克、蚝油3克、白糖2克。

步骤：

1. 秋葵洗净，去蒂，用刀切成薄片备用。

2. 锅里烧开一锅水，把秋葵放到锅里焯煮3分钟，加入少许盐、油可令秋葵颜色更青翠。

3. 把辣椒面、生抽、蚝油、白糖、蒜蓉、指天椒调成一碗酱汁，倒入热油提香。

4. 秋葵滤干水，放入碗中，淋上酱汁即可。

戏戏小语

秋葵又名羊角豆、咖啡黄葵、原产于非洲，20世纪初由印度引入我国。目前黄秋葵已成为人们追求的高档营养保健蔬菜，风靡全球。它的可食用部分是果荚，又分绿色和红色两种，其脆嫩多汁，滑润不腻，香味独特。

秋葵为低能量食物，是很好的减肥食品之一， 一般人群均可食用。

在凉拌和炒食之前必须在沸水中烫三五分钟以去涩。它的属性偏寒凉，烫熟后蘸掺蒜末、辣椒等食用，可以稍微平衡它的寒凉，但脾胃虚寒、容易腹泻或排软便的人，还是不宜吃太多。

煮秋葵忌用铜、铁等器皿，会导致秋葵很快地变色，对人体虽无伤害，味道却会打折扣，也不美观。

干锅洋葱鸡

制作过程

✱ 主料：鸡肉100克、白洋葱1/2个、紫洋葱1/2个、青豆20克、红葱2个、蒜瓣各2瓣。

✱ 调料：喼汁5克、生抽3克、现磨黑胡椒粉少许、白胡椒粉少许、盐1克、料酒3克、油3克。

✱ 步骤：

1. 鸡肉斩件，加入白胡椒粉、盐、料酒腌制5分钟；蒜瓣拍碎，红葱切细丁备用；白、紫洋葱分别切大片；取一个小碗，倒入喼汁、生抽调成酱汁；青豆焯水备用。

2. 铁锅烧热，倒入油，下蒜和红葱煸香，倒入鸡肉，用小火慢慢煎出油，表皮焦香；加入洋葱，倒入调好的酱汁，再加一小碗水，加盖焖5分钟；揭开锅盖，看到汁水正在收汁，撒些现磨黑胡椒粉提香。

3. 最后倒入焯好的青豆，用勺子翻匀即可。

薄荷咖喱鱼蛋

制作过程

✱ 主料：鱼茸500克、咖喱粉20克、薄荷叶适量、蛋清少许、椰奶适量。

✱ 调料：油5克、盐2克、生抽2克、海鲜酱2克、料酒5克、姜末5克、白胡椒粉3克。

✱ 步骤：

1. 鱼茸加入所有调料搅入味，再加切丝的薄荷叶与蛋清一起搅拌成鱼胶。

2. 将鱼胶做成一个个小丸子，下锅炸透，备用。

3. 锅里放底油，把咖喱粉倒入锅内干炒，倒一碗水融化咖喱粉，倒半杯椰奶，倒入炸好的鱼丸，小火熬到收汁，即可。

芦笋南瓜煮田鸡

制作过程

主料：芦笋10根、田鸡3只、小南瓜500克。

调料：盐2克、白胡椒粉3克、生抽5克、料酒5克、油5克、姜葱末少许。

步骤：

1. 田鸡请店家帮忙处理好，斩件，加盐、生抽、料酒腌制30分钟；小南瓜洗净，不去皮，去瓤后切成大块；芦笋也去掉硬皮，切段备用。

2. 锅烧热放油，放姜葱末爆香，下田鸡爆炒出香气，倒入一大碗水，加入白胡椒粉、生抽、料酒，大火煮开，煮成奶白色汤水；下南瓜，煮至绵软。

3. 最后下芦笋煮3分钟，适当加盐调味即可。

柠香秘制叉烧

制作过程

主料：梅花上肉一块（约500克）、美国大柠檬1个。

调料：蜜汁叉烧酱50克、蜂蜜10克、生抽5克、海鲜酱5克、蒜蓉10克、姜片1大块、指天椒3~4只（可选）。

步骤：

1. 梅花上肉洗净，切成长条状，放入保鲜盒内，加入除蜂蜜外的所有调料拌匀；大柠檬切成两半，挤柠檬汁到肉中，柠檬皮也切成细丝与肉块拌匀，一起放入冰箱冷藏腌制一个晚上。

2. 腌制好的肉取出放在铺有锡纸的烤盘上，倒入腌制的酱汁，并倒入蜂蜜拌匀。

3. 用锡纸把肉包起来，这样做是预防烤的时间太长令肉中的水分流失影响口感，送入预热200摄氏度的烤箱，开热风循环烤30分钟即可。

菊香芦笋牛肉

制作过程

＊主料：牛肉500克、芦笋200克、新鲜菊花1朵、干菊花10朵。

＊调料：盐1克、油10克、蚝油5克、水淀粉少许。

＊步骤：

1. 干菊花用温开水冲泡成茶水，晾凉备用；新鲜菊花撕下花瓣，用淡盐水浸泡。

2. 牛肉切成薄片，倒入菊花茶水，加入除油之外其他调料腌制30分钟；芦笋去掉老皮，切成小段，备用。

3. 锅里水烧开，把处理好的芦笋放入开水中焯2分钟，加入少许盐和油，以保持芦笋色泽，捞起，摆入盘中。

4. 锅里水倒掉，大火烧热，倒入油，一直到起烟后，倒入牛肉，马上调小火，翻炒至变色，再调大火炒10秒钟即可出锅，倒到码好的芦笋上，撒上菊花瓣即可。

戏戏小语

喜欢吃黑椒味的，可以在牛肉出锅后，马上撒上黑椒粉，口感更丰富。

牛肉想要炒得滑嫩，注意两点：第一，牛肉尽量切成薄片，在腌制的时候，要加少量水搅拌，搅至完全吸收又再次添加，一直重复几次，使牛肉充满水分；第二，滑炒牛肉的时候，油温够高，倒入牛肉后马上调小火或关火，用油温来浸透牛肉。

我国自古以来都有食用菊花的习惯，汉朝《神农本草经》中记载："菊花久服能轻身延年。"菊花能散风清热、平肝明目，对风热感冒、头痛眩晕、眼目昏花有很好的疗效。

菊花主要分白菊、黄菊、野菊。黄、白两菊，都有疏散风热、平肝明目、清热解毒的功效。白菊花味甘，清热力稍弱，长于平肝明目；黄菊花味苦，泄热力较强，常用于疏散风热；野菊花味甚苦，清热解毒的功效很强。

菊花与肉类煮食，荤中有素，补而不腻，清心爽口，可用于头晕目眩、风热上扰之症的治疗。

湘西匪肝

制作过程

✱主料：猪肝500克、小米椒1小把、蒜蓉少许、姜葱末少许。

✱调料：盐3克、高度米酒5克、生抽5克、老抽2克、白糖5克、油10克。

✱步骤：

1. 猪肝先切一刀约为1毫米，但不切断，第二刀才切断，依次把整块猪肝切成这种蝴蝶肝；小米椒切椒圈备用。

2. 切好的猪肝放入料理盘中，加入适量的清水，揉搓出猪肝中的血水，倒掉盘中的水，再加入清水浸泡，直至清水不再变浑浊，滤干水分备用。

3. 锅烧热，倒入油，下蒜蓉、姜末、葱末炒出香气，下猪肝快速翻炒，至变色，加入盐、高度米酒、生抽、老抽调味，加入小米椒继续翻炒至熟，出锅前加入少许白糖调味，再撒上少许葱花即可。

清蒸大闸蟹

制作过程

✱主料：大闸蟹2只。

✱调料：杭白菊若干。

✱步骤：

1. 把大闸蟹洗净，取一个蒸锅，加入适量的水，在水中加入几朵杭白菊。

2. 大火烧开，再把大闸蟹肚面朝上放入蒸锅中。

3. 蒸15分钟即可，蒸出的蟹有股淡淡菊花清香，很美妙。

老上海糖熏鱼

制作过程

主料： 马鲛鱼1条(约400克)、花雕酒100克、蒜瓣1瓣、姜1大块、香葱2根、八角2个。

调料： 盐2克、白胡椒粉3克、料酒3克、生抽10克、老抽2克、白糖50克、干淀粉适量、油20克。

步骤：

1. 马鲛鱼洗净，切成薄片，加入盐、料酒、白胡椒粉腌制；在碗里倒入干淀粉，放入腌制好的鱼块，然后在表面均匀地上一层干淀粉。

2. 锅里倒入油，烧至五成热，下拍好粉的鱼块，保持油温，慢慢把鱼块煎成表面呈金黄色色，并煎透，把煎好的鱼块夹出，放入保鲜盒内。

3. 往锅里的油中放入剥了皮的蒜瓣、姜片、八角炒香，放入香葱结，倒入花雕酒，注意防溅，再倒入少许生抽、老抽和盐调味。

4. 最后加入白糖，大火煮开，小火熬30分钟，直至香气四溢；把熬好的汤汁倒入煎透的鱼块中，稍凉后，加盖腌制24小时。

营养汤煲

菊杞猪肝汤

制作过程

主料： 干菊花10朵、猪肝200克、小油菜10根、枸杞适量。

调料： 盐1克、香油5克、料酒5克、姜丝适量、干淀粉少许。

步骤：

1. 猪肝切成薄片，放入清水中，倒入料酒浸泡20分钟，用流动的水清洗干净，加盐、干淀粉腌制15分钟；用清水稍泡干菊花，小油菜择洗干净。

2. 干菊花去杂质备用，烧一锅水。

3. 锅内加菊花煮开，倒入猪肝、小油菜、枸杞及姜丝，出锅前淋上香油即可。

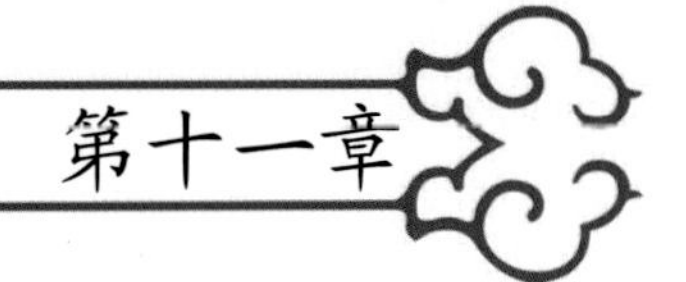

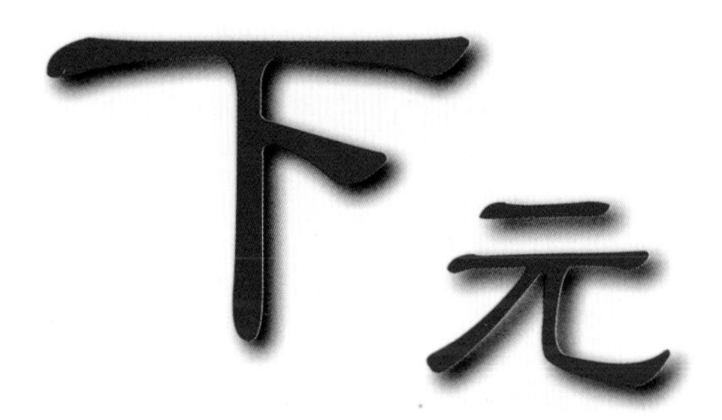

解厄祈福，福寿安康

农历十月十五是下元节，亦称“下元日”、“下元”。下元节相对于中国其他的传统节日来说已经是非常陌生了，甚至很多人不知道所谓下元。其实，下元节在中国上千年道教文化中占有很大比重，道家有三官，即为天官、地官、水官，我们经常在电视剧里会听到“天官赐福，地官赦罪，水官解厄”，说的分别就是这三官的职责。三官的诞生日分别为农历的正月十五、七月十五、十月十五，这三天被称为“上元节”、“中元节”、“下元节”。下元节，就是水官根据考察，录奏天庭，为人解除困境，祈求保佑人间风调又雨顺，消灾又降福的日子。在这一天，人们祭祀先祖迎接水官大帝，以求得团厄的舒解与人生的安详。

节日习俗

■ 张天灯

按古制，下元节这天，应在大门口竖起高高的“天杆”，白天在杆顶张挂杏黄旗，旗帜上写“天地水府”、“风调雨顺”等字样，到了晚上则换上三盏“天灯”，以示祭祀天、地、水“三官”。

■ 祭禹帝

每逢下元节来临，水官下降凡间巡查人间善恶，为人们解除灾难。而水官的代表人物就是治水的大禹，所以各地禹庙及大禹纪念场所常有祭祀活动。

节日食俗

■ 团子

下元节时，正值农村收获季节，所以要用新谷磨的糯米粉做小团子，包上素菜馅心，做成团子，蒸熟后在大门外“斋天”并赠送亲友。

团子

制作过程

✱主料：圆粒糯米100克、大米100克、白芝麻50克、胡萝卜20克、虾米10克。

✱调料：盐2克、油10克。

✱步骤：

1. 圆粒糯米淘洗干净，加清水浸泡2小时，捞出沥去水分；大米淘洗干净与浸泡好的圆粒糯米混合，放入浅底盘中，加少量水，蒸熟；虾米洗净，用温水泡软，切成小粒备用；胡萝卜去皮切成小丁。

2. 另起一口锅，倒入油，将虾米爆香，混入胡萝卜丁中，做成馅。

3. 蒸好的米饭用饭勺打散，调入盐与馅，拌匀后装入保鲜袋中，用擀面杖将米粒擀成糍饭粑。

4. 戴上一次性手套，将凉透的糍饭粑揉成圆形，放入白芝麻中滚过，使其表面沾满白芝麻，放入预热200摄氏度的烤箱内烤8分钟即可。

戏戏小语

糍饭很容易沾手，要记得戴上一次性手套。

没有烤箱也可以将糍饭粑放入油锅里炸，不过这样会损耗比较多的油，而且炸制时要注意提防糯米炸开。

和风烤香菇

制作过程

主料： 猪肉末200克、虾干10克、新鲜香菇500克、鸡蛋1个。

调料： 盐1克、料酒5克、白胡椒粉3克、生抽10克、蚝油3克、姜末适量、葱末适量、芝麻适量。

烧烤汁调料： 烧烤汁10克、蜂蜜5克、色拉油10克。

步骤：

1. 虾干用温水泡发，剁成虾丁。

2. 猪肉末中加入虾丁，再调入盐、料酒、白胡椒粉、生抽、蚝油、姜葱末，磕入鸡蛋拌匀，用手取肉馅摔打100次，成上筋的肉馅。

3. 新鲜香菇洗净，用刀切去菇蒂；取一个香菇，把肉馅填入香菇窝中，做成小山包形；把烧烤汁和蜂蜜混合成烧烤汁。

4. 取烤盘，整齐地码入做好的香菇酿，刷上烧烤汁，送入预热200摄氏度的烤箱烤制20分钟，中途取出再刷一层烧烤汁，使其表面沾满芝麻，放入预热200摄氏度的烤箱内烤8分钟即可。

戏戏小语

做好的香菇酿也可以用蒸的办法，入上汽的蒸锅蒸8分钟，调入鲍鱼汁味道更加鲜嫩，香菇的原味更足。

肉馅要反复摔打至少100次才能上筋，口感才足够弹牙。

葱油肚丝

制作过程

✱主料：卤猪肚1/2只、大葱1根、小米椒2个。

✱调料：盐2克、生抽5克、蚝油2克、香油2克、辣椒油2克、油10克。

✱步骤：

1. 卤猪肚切成细丝，大葱的葱白部分切葱圈、葱绿部分切丝浸入清水中备用。

2. 锅烧热，倒油，小火将葱白炸出香气，取出变黄的葱白弃用。

3. 往锅内下肚丝，加入盐、生抽、蚝油、香油、辣椒油、小米椒一起炒匀；摆盘，撒上葱丝即可。

狂欢串烧翅

制作过程

✱主料：鸡中翅500克、白芝麻适量。

✱调料：辣椒粉50克、生抽10克、盐2克、烧烤汁10克、蒜蓉5克、姜末5克、料酒5克、蜂蜜10克。

✱步骤：

1. 鸡中翅用刀剁成两半，加入20克辣椒粉、生抽、盐、烧烤汁、蒜蓉、姜末、料酒、蜂蜜腌制一个晚上。

2. 烤箱预热220摄氏度。

3. 将腌制入味的鸡中翅依次串到竹签上，排入烤盘上，在表面撒上一层辣椒粉，送入烤箱烤制20分钟，中途可取出翻面再撒一层辣椒粉（可根据个人喜好），出锅后，趁热撒上白芝麻即可。

制作过程

✱ 主料：卤鸭腿1只、橄榄菜50克、豆腐皮1张、香芹100克、青瓜1根、胡萝卜1根、香葱1小把。

✱ 调料：盐2克、生抽、油各5克、蒜蓉适量。

✱ 步骤：

1. 卤鸭腿用刀片成薄片，然后切丝备用；豆腐皮切成小块，香芹、胡萝卜、青瓜分别切成比豆腐块长的段，分别焯水备用，少许香葱切丝，其余香葱稍微焯水备用。

2. 取一张豆腐皮，先铺上一层橄榄菜，再放几根鸭丝和焯过水的香芹段、胡萝卜段、青瓜段，卷起来，用香葱扎紧即可。

3. 把盐、生抽、蒜蓉混合成酱汁，倒入热油，鸭丝腐皮卷沾酱汁食用。

4. 最后摆盘，撒上葱丝即可。

制作过程

✱ 主料：五花肉500克、甘蔗5小节、小油菜10棵。

✱ 调料：盐3克、生抽10克、姜1块。

✱ 步骤：

1. 五花肉洗净，锅内加水，姜拍碎放进锅内大火煮开，放入五花肉，改中小火煮5分钟；捞出，切成块，投入冷水中浸泡；削去甘蔗外皮，将蔗肉切成五花肉一般大小备用，小油菜择洗干净备用。

2. 五花肉放入沙锅内，加入盐、生抽，倒入清水（没过五花肉）大火煮开，加入甘蔗，转小火，煮1个小时；用筷子扎肉轻松扎进去就可以开大火收汁了，收汁的时间就按个人喜好来定。

3. 取一个深口碗，将红烧肉朝下摆放整齐，倒扣到盘中，旁边围上甘蔗和焯过水的小油菜即可。

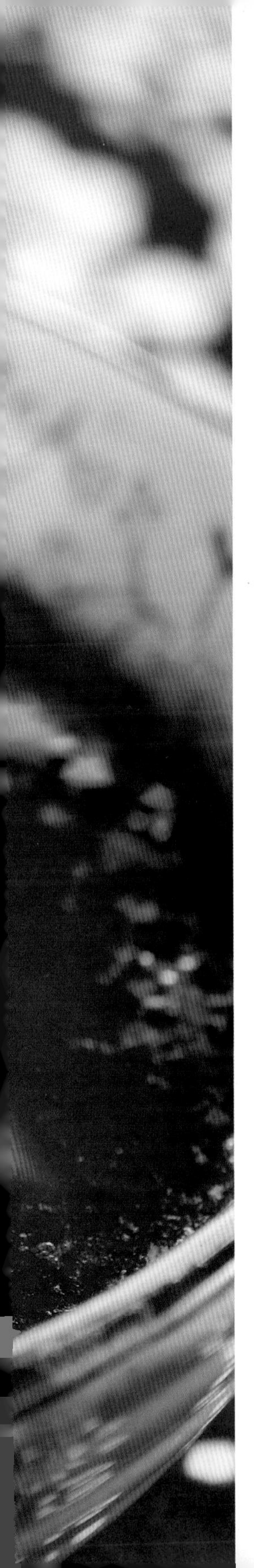

水煮肥羊

制作过程

主料：肥羊片500克、松柳苗100克。

调料：豆瓣酱20克、蒜瓣4瓣、干辣椒10个、大葱1根、料酒10克、花椒10个、八角1个、姜1块、油30克、盐少许。

步骤：

1. 肥羊片解冻后，在清水里加入料酒，把肥羊片放到清水中浸泡10分钟，去除冰腥味；松柳苗加少许盐放到清水中浸泡约5分钟，捞起用流动的水冲洗后沥干水备用。

2. 大葱一半切成小段，一半切成碎粒；一半蒜瓣去蒜皮，一半拍碎成蒜末；一半姜切片，一半姜切成姜末备用；肥羊片从水中捞起，沥干；松柳苗放到水中焯两分钟，捞起过凉水，拧干。

3. 取一张肥羊片铺在案板上，放上适量松柳苗，卷成一个肥羊卷，依法做好其他肥羊卷，把去了皮的蒜瓣、大葱段、姜片、一半干辣椒 、花椒和1个八角一起放到锅里，注入500毫升的清水，烧开后煮5分钟出味，把肥羊卷捞起放到锅里大火焯煮2分钟，捞出备用。

4. 锅烧热后，倒入10克的油，把剩下一半的干辣椒、花椒放到锅里用小火炸出香味；将锅里的干辣椒、花椒捞出来留底油，把蒜末、大葱粒、姜末放到锅里爆香后，加入豆瓣酱炒香，加入一碗清水煮开。

5. 将焯过水的肥羊卷倒入锅内煮2分钟，连汤汁一起倒入深口大碗中。

6. 把20克油倒入大汤勺，置于火上烧热，淋到肥羊上，喜欢吃麻辣的，可以在肥羊上面再撒一把花椒再淋油。

戏戏小语

肥羊因为冰冻的时间较长，所以一定要用料酒浸泡去冰腥味。

松柳苗也可以换成绿豆芽、金针菇等。

喜欢吃辣的还可以在淋油之前加点辣椒面在上面。

制作过程

✱ 主料：新鲜游水八爪鱼500克、沙姜1块、生姜5片、香葱3根、高度白酒5克、黑芝麻少许。

✱ 调料：酸辣酱5克、蒸鱼豉油5克、蚝油2克、油5克。

✱ 步骤：

1. 将八爪鱼的头部从肚子中抽离出来，去掉肚子中的内脏，洗净备用。

2. 烧一锅水，加生姜、香葱、高度白酒煮出香气，将处理干净的八爪鱼倒入水中焯煮2分钟，捞出，倒入冰水中迅速降温，提升爽脆口感，用厨房纸吸干水分备用。

3. 沙姜拍成细末，与酸辣酱、蒸鱼豉油、蚝油等混合成一碗酱汁，再倒入热油，撒上黑芝麻，食用时蘸上酱汁即可。

✱ 主料：小剥皮鱼500克、番茄2个、香葱1小把。

✱ 调料：盐2克、白胡椒粉适量、蒜蓉少许、姜丝与姜末少许、葱末、生抽5克、泡辣椒2个、红油3克、油15克、白糖5克。

✱ 步骤：

1. 小剥皮鱼洗净备用；泡辣椒剁碎，与蒜蓉、姜末、生抽、红油混合成一碗酱汁；剥皮鱼加入少许盐、白胡椒粉腌制 5 分钟，再放入深口碗中，放两根香葱和少许姜丝，入蒸锅蒸 5 分钟；番茄去皮切块，准备少许葱末、姜末。

2. 炒锅烧热，倒油，下葱末、姜末爆香，把番茄块放进锅里翻炒出汁水，倒入调好的酱汁和白糖，再加水，煮成酸辣番茄汁。

3. 蒸好的鱼取出，将酸辣番茄汁倒在鱼上，撒上葱末；加适量油倒入大勺内烧热，最后将热油淋到葱末上即可。

淮杞兔肉汤

制作过程

✲ 主料：兔肉300克、新鲜淮山100克、红枣20克、枸杞20克。

✲ 调料：盐2克、生抽5克、料酒10克、白胡椒粉5克、姜5片、油5克。

✲ 步骤：

1. 兔肉洗净，加入盐、生抽、料酒、白胡椒粉和姜片腌制30分钟；淮山去皮洗净，切成大块；红枣、枸杞用温水泡发备用。

2. 锅烧热，倒油，腌制好的兔肉倒入锅内爆香，倒入清水，煮成奶白色的汤水后，移至沙锅继续炖煮1小时。

3. 最后将淮山、红枣放入兔肉汤中，大火煮10分钟，出锅前放入枸杞再煮2分钟即可。

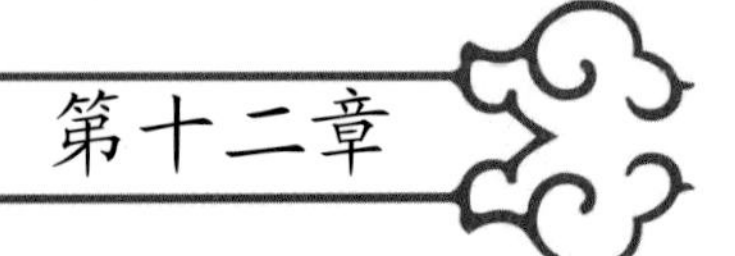

腊

隆冬寒月，八宝五味

中国农历十二月被称为腊月，腊月初八是我国汉族传统的腊八节，腊八节又称腊日祭、腊八祭、王侯腊或佛成道日。

腊八节来自“赤豆打鬼”的风俗。传说上古五帝之一的颛顼氏，三个儿子死后变成恶鬼，专门出来惊吓小孩子。古代人们普遍相信迷信，害怕鬼神，认为大人小孩中风得病、身体不好都是由于疫鬼作祟。这些恶鬼天不怕地不怕，单怕赤(红)豆，故有“赤豆打鬼”的说法。所以，在腊月初八这一天以红小豆、赤小豆熬粥，以祛疫迎祥。另有一说：西晋时有个极懒的青年人，平素游手好闲，坐吃山空，他的新婚娘子屡劝无效，然而到了年末的十二月初八，家里断炊了，那小伙子饥肠难熬，遍搜米缸、面袋和家里的坛坛罐罐，将剩粒遗粉连同可食的残碎物，过洗入锅，煮了一碗糊状粥喝下，从此，苦思悔恨，狠下决心痛改前非。当地人们便借此教育子女，每逢腊八都煮粥喝，既表示腊祭日不忘祖先勤俭之美德，又盼神灵带来丰衣足食的好年景。

节日食俗

■ 喝腊八粥

腊八粥也叫八宝粥，是用八种当年收获的新鲜粮食煮成，除大米、小米、绿豆、豇豆、小豆、花生、大枣等基本原料外，还可以加入当年丰收的瓜果。依照古俗，人们从腊月初七就开始淘米洗料浸泡，然后将材料下入大锅，用小火熬至次日早晨，熬成黏黏糯糯的腊八粥，先敬神祭祖，再一家人分享。

■ 吃冰

腊八前一天，北方的人们一般用钢盆舀水结冰，等到腊八节就把冰敲成碎块。据说这天的冰很神奇，吃了它在以后的一年里都不会肚子疼。

■ 腊八蒜

华北大部分地区在腊月初八这天就开始用陈醋来浸泡蒜瓣，将剥了皮的蒜瓣儿放到一个可以密封的罐子或瓶子之类的容器里面，然后倒入醋，封上口放到一个较冷的地方。慢慢地，泡在醋中的蒜就会变绿，最后会变得通体碧绿，如同翡翠碧玉。这就是“腊八蒜”，可以为除夕吃饺子提前做准备。

■ 腊八豆腐

“腊八豆腐”是安徽黟县民间风味特产，在春节前夕的腊八，即农历十二月初八前后，黟县家家户户都要晒制豆腐，民间将这种自然晒制的豆腐称作“腊八豆腐”。

腊八粥

制作过程

✱主料：糯米50克、黑米50克、粳米50克、黄小米50克、薏仁50克、红小豆50克、大红豆20克、绿豆20克、花生米20克、莲子20克、桂圆10克、红枣20克。

✱调料：冰糖20克。

✱步骤：

1. 先将食材的米类、豆类分别用清水淘洗干净，并根据不同的大小用清水浸泡1~3个小时。

2. 花生米、莲子、桂圆、红枣也洗净用清水浸泡40分钟。

3. 将浸泡好的米类、豆类倒入锅中，加入适量的清水，加盖开大火煮开，用汤勺翻一翻锅底，以防某些米类粘锅，再调成小火慢熬2个小时，期间还需不时揭开盖子用勺子搅拌，以防粘锅。

4. 2个小时后，开盖，再加入泡好的花生米、莲子、桂圆、红枣，调入冰糖，再用小火慢慢熬煮1个小时。

5. 所有的食材都熬至软糯香滑，八宝粥就熬好了。

创意无限

健脾养胃八宝粥：传统的八宝粥中，加入一些新鲜淮山煮几分钟，健脾养胃的功能更强大，口感还会更丰富。

美容养颜八宝粥：玫瑰干花洗净泡水，将薏仁混到传统的八宝粥的豆类中去一起浸泡，倒入玫瑰水煮出的八宝粥，有淡淡花香，美容养颜如此简单。

桂花秋梨八宝粥：将秋天晒干的桂花放入八宝粥中一起熬煮，除了增加桂花的蜜香，还能辟臭、生津、排毒，出锅前再切一个秋梨混入八宝粥中，软糯之中有果肉爽脆，消滞效果明显，对于因为秋天干燥而引起的喘咳痰多有很好的辅助治疗作用。

咖喱花菜

制作过程

主料： 花菜1朵、咖喱块2块。

调料： 盐2克、橄榄油8克、蒜蓉5克。

步骤：

1. 花菜摘成小朵，洗净，放入清水中，加入少许盐浸泡，这样可以令躲在花菜中的小虫子爬出来。

2. 烧一锅水，水开后，把花菜放入水中焯煮2分钟，捞出滤干。

3. 锅里倒入橄榄油，下蒜蓉炒香，下咖喱块炒散，加入盐和一碗清水，煮开，把滤干的花菜倒入锅内拌匀，中小火焖煮5分钟入味即可。

戏戏小语

咖喱块在超市调味品货柜都可以找得到，也可以咖喱粉来做这道菜。

咖喱块在制作过程中已经调有味道了，由于是经过压缩的，炒咖喱块时火候不宜太大，以免粘锅。

番茄炖牛腩

制作过程

主料：牛腩500克、番茄1个、圣女果100克、红葱6根。

调料：盐2克、料酒10克、生抽5克、姜2块、白胡椒粉20克、油5克、蒜瓣6瓣、番茄酱20克、白糖少许。

步骤：

1. 牛腩洗净切块，放入高压锅内，加入盐、料酒、姜块、白胡椒粉、蒜瓣，倒入清水，开火，上汽后压15分钟，关火慢慢放气。

2. 番茄在底部切十字，放入热水中浸泡5分钟，撕掉外皮切成小丁；红葱切成葱末；圣女果切成小丁备用；高压锅放完汽后，把炖好的牛腩倒出。

3. 炒锅烧热，倒油，下入姜块、红葱末爆香，倒入番茄丁翻炒，调入番茄酱和白糖炒匀，把牛腩连同汤水一起倒入锅内，加生抽，大火煮开，小火焖煮20分钟，最后放入圣女果，收汁即可。

蚂蚁上树

制作过程

主料：梅花上肉200克、粉丝2把、香葱2根。

调料：剁辣椒10克、豆瓣酱5克、蒜蓉5克、葱末5克、姜末5克、油5克、盐2克、生抽5克。

步骤：

1. 粉丝提前用冷水泡软，再用剪刀剪成适合的长度，梅花上肉去掉肥肉部分，取肥瘦相间部分先切成大片，再切成条，再切成小丁。

2. 锅烧热，倒油，下剁辣椒、豆瓣酱、蒜蓉、葱末、姜末爆香，倒入猪肉丁翻炒至表面变色，调成小火继续将肉丁煸出猪油，这样肉丁会更香，形也更好。

3. 然后下粉丝，用筷子快速划炒，调入少许盐和生抽，撒上葱末即可。

制作过程

主料：猪尾2根（约600克）、青豆200克、白菜叶2张。

调料：盐2克、姜2片、料酒5克、红烧酱油10克、绍酒5克、冰糖5~6颗。

步骤：

1. 猪尾用刀片刮干净表面的细毛，切成1厘米长的段；青豆洗净滤水备用，白菜叶洗净备用。

2. 锅里烧一锅水，放姜片煮出香气，倒料酒，下猪尾到锅中焯煮5分钟；焯好的猪尾用筛网捞起来过凉水。

3. 取一个沙锅，底下垫上白菜叶，把猪尾放入锅中，调入盐、红烧酱油、绍酒、冰糖，大火煮开，调成小火烧30分钟；同时，另烧一锅水，把青豆下到锅里焯煮5分钟去豆腥味，捞出过凉水，滤干备用。

4. 用筷子扎一下猪尾可以轻松扎透，即是烧好，下滤干的青豆，调成大火收汁即可。

红烧猪尾

制作过程

主料：仔排500克、金针菇200克。

调料：盐2克、料酒5克、姜丝5克、辣腐乳3大块、油少许。

步骤：

1. 仔排洗净，滤干水分，加入盐、料酒、姜丝、辣腐乳拌匀，腌制30分钟。

2. 金针菇洗净，去硬蒂，滤干备用。

3. 取一个沙锅，在锅底擦少许油，把金针菇垫在锅底，再将腌制好的仔排放在金针菇上，加上锅盖，置于灶上，大火烧开，调成小火焖制20分钟即可。

暖心仔排煲

沙虫煮萝卜

制作过程

✱主料：干沙虫20根、白萝卜1个（500克）、香葱1根。

✱调料：盐3克、白胡椒粉少许、高度米酒5克、姜丝适量、油5克。

✱步骤：

1. 干沙虫用剪刀剪去尾部沙带，再在两侧间隔地剪一刀但不剪断，这样煮出来的沙虫就会变成好看的沙虫花。

2. 剪好的沙虫放入温水中浸泡至软，洗净滤干备用；白萝卜去皮，擦丝；香葱切成葱花备用。

3. 锅烧热，倒油，下姜丝爆香，把沙虫放到锅里爆香，淋入高度米酒，会升腾起一股鲜香味道，马上倒入一碗开水煮开，煮成奶白汤水，倒入白萝卜丝，加入盐、白胡椒粉，再次煮开，撒上葱花即可。

笋子炒鸡

制作过程

✱主料：春笋200克、鸡腿3个。

✱调料：盐5克、生抽20克、料酒5克、姜丝适量、蚝油10克，柠檬汁数滴、油5克、花椒1小把。

✱步骤：

1. 鸡腿肉加入盐、生抽、蚝油、料酒、姜丝、柠檬汁腌制30分钟。

2. 锅里放底油，撒一把花椒爆香，再把花椒捞出。

3. 倒入腌制好的鸡腿肉，翻炒5分钟，倒入一小碗清水，焖10分钟左右。

4. 焖烧鸡肉的时间，把笋子切好，当鸡腿在锅内开始冒出鸡油时，再把切好的笋子倒入锅里中小火慢慢焖熟焖香即可。

制作过程

主料：莆鱼1条（约500克）、姜2块、香葱1根。

调料：蒸鱼豉油10克、油10克、高度米酒5克。

步骤：

1. 姜切片，香葱切成葱花，将莆鱼处理干净，放在案板上，在鱼身上切几刀，使蒸制时成熟程度一致；取浅口盘，把处理好的莆鱼和鱼肝放在盘上，放上姜片和香葱白，淋入高度米酒，送入蒸锅蒸5分钟。

2. 取出后要倒掉盘底蒸出来的腥水；再淋上蒸鱼豉油，撒上切好的葱花。

3. 油倒入锅中加热至起烟，趁热倒在葱花上即可。

制作过程

主料：海鳗1条（约1000克）、圆头蒜100克、香葱2根、小米椒1个、白菜叶3张。

调料：盐2克、姜6片、绍酒100克、冰糖10颗、生抽20克、喼汁10克、油10克。

步骤：

1. 将海鳗彻底清洗，再切成2厘米厚的段；锅里烧水，下一半的姜片、香葱到锅中煮出香气，把海鳗段放入水中焯煮1分钟，然后将其放到冰水中迅速降温，滤干备用。

2. 圆头蒜去皮，对半成两半，另一半的姜、葱切成末；盐、生抽、喼汁、绍酒混合成一碗调味汁；炒锅烧热，倒油，下圆头蒜爆香。

3. 取一个沙锅，锅底垫上洗净的白菜叶。再放上海鳗段，倒入调味汁，放上爆香的圆头蒜、葱姜末，小米椒切椒圈一并放入锅内。

4. 将沙锅置于灶上，大火烧开，转成小火烧20分钟即可。

雪梨猪肺汤

制作过程

✳主料：猪肺1副、雪梨2个。

✳调料：盐2克、姜6片、料酒10克、白胡椒5颗、油少许。

✳步骤：

（猪肺买回，在气管处接上水龙头，让流动的水填满整个肺部，用手用力挤出猪肺中的血块、血沫，再次填充水，再用力挤压，直到猪肺整个被冲洗成白色，这个过程约为30分钟，需要耐心。）

1. 清洗干净的猪肺，切成大块。

2. 锅烧热，不用放油，把猪肺下到锅里，煸出水分，直到干焦。

3. 此时可以倒入少许油，继续把猪肺煸出香味，倒入一大碗水，大火煮开，煮成奶白色的汤水；将猪肺连同汤水一起移到沙锅，加入盐、姜片、料酒，白胡椒拍碎后也加入汤内，开小火慢熬1个小时。

4. 将削皮切块的雪梨放到猪肺汤内，再煮30分钟即可。

戏戏小语

猪肺一定要清洗干净，以洁白为检验标准，凡是没有清理干净血水、血纹的猪肺，煲出的汤会有异味。因此，清洗的过程漫长而复杂，需要极大的耐心才可以。

想要煲出的猪肺汤更甘甜，可以加几块排骨一起炖煮，味道更浓。